高等职业教育光电子信息系列教材

光纤通信技术与设备

GUANGXIAN TONGXIN YU SHEBEI

主　编/朱　芸　梁　娟　陈文尧
副主编/赵　瑾　耿晶晶　王晓静　周　泉
参　编/龚记民　杨成林　左应波　刘　俊

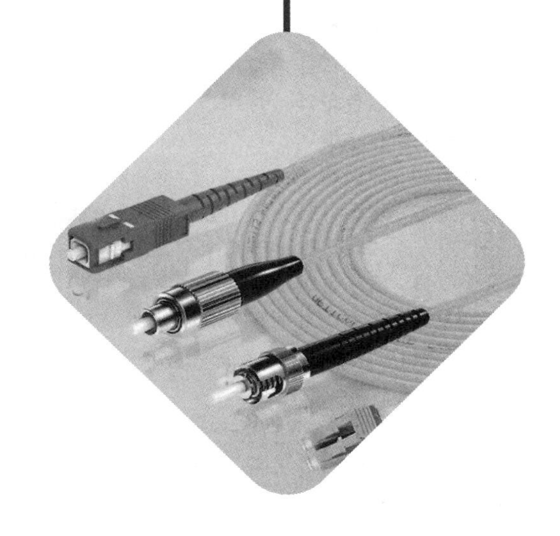

華中科技大學出版社
http://press.hust.edu.cn
中国·武汉

内 容 简 介

本书经过广泛调研与深度分析，采用项目化教学和任务导向策略，由校企合作精心打造，旨在构建一个深入浅出的光纤通信技术及设备应用学习平台。

本书通过项目化的结构，将复杂的光纤通信技术内容分解为易于理解和操作的单元，每个模块都围绕具体的学习任务设计，确保学习者能够在实践中掌握关键技能。全书分为五个项目，包括光纤通信发展史、光纤通信传输媒介、光纤通信器件、SDH 技术应用以及 OTN 技术应用，结合 PPT 课件、知识点动画、微课视频等资源丰富的多媒体教学方式，同时通过大量案例分析和实践操作教学强化理实一体的结合。

此外，本书将思政教育、劳动教育、职业素质教育等元素融入全文的字里行间，旨在教授专业技能的同时，培养学习者的工匠精神和职业素养。本书可以作为高职院校通信类专业学生的教材，也可以作为相关行业企业员工的培训资料，或供光纤通信技术爱好者学习参考。

图书在版编目(CIP)数据

光纤通信技术与设备 / 朱芸，梁娟，陈文尧主编；赵瑾等副主编. -- 武汉 ：华中科技大学出版社，2024. 7.
ISBN 978-7-5772-1061-2

Ⅰ. TN929. 11

中国国家版本馆 CIP 数据核字第 2024A7E746 号

光纤通信技术与设备
Guangxian Tongxin Jishu yu Shebei

朱　芸　梁　娟　陈文尧　主编

策划编辑：王红梅
责任编辑：余　涛　梁睿哲
封面设计：原色设计
责任校对：林宇婕
责任监印：周治超
出版发行：华中科技大学出版社(中国·武汉)　　电话：(027)81321913
　　　　　武汉市东湖新技术开发区华工科技园　　邮编：430223
录　　排：武汉市洪山区佳年华文印部
印　　刷：武汉市洪林印务有限公司
开　　本：787mm×1092mm　1/16
印　　张：10.5
字　　数：210 千字
版　　次：2024 年 7 月第 1 版第 1 次印刷
定　　价：38.80 元

前　言

在信息化时代的大背景下，光纤通信技术作为推动经济社会发展的关键因素，对于实现我国由“制造大国”向“制造强国”的转变具有重要意义。党的二十大报告中指出，要建设现代化产业体系，坚持把发展经济的着力点放在实体经济上，推进新型工业化，加快建设制造强国、质量强国、航天强国、交通强国、网络强国、数字中国。习近平同志强调“必须坚持科技是第一生产力、人才是第一资源、创新是第一动力，深入实施科教兴国战略、人才强国战略、创新驱动发展战略，开辟发展新领域新赛道，不断塑造发展新动能新优势”。在推进中华民族伟大复兴的新征程中，培养具备创新思维和实践能力的光纤通信技术人才，对于推动光纤通信技术的创新与发展至关重要。

《光纤通信技术与设备》正是在这样的背景下应运而生。本教材紧密围绕党的二十大精神，结合光纤通信技术的最新发展，旨在为学生提供全面、系统、实用的光纤通信技术与设备知识体系。通过项目式学习方式，本教材将理论与实践相结合，引导学生在实践中掌握光纤通信技术的核心知识和技能，培养他们的创新思维和实践能力。本教材具备以下特点：

1. 寓德于课，人文立课，实现价值引领

本编写团队深入贯彻《关于深化新时代学校思想政治理论课改革创新的若干意见》的指导精神，致力于发挥课程的育人功能，积极探索课程思政的创新途径，进而革新了教材的编写理念。围绕“培根铸魂，少年养成”“匠心筑梦，匠艺强国”“胸怀中国梦，弘扬中国精神”这三大主题，通过“视频科普-激发责任意识、电影教学-培养家国情怀、名人示范-共塑育人理念、技能训练-铸造工匠精神、职业规划-实现内化素养”，将知识传授、立德树人、人文教育、价值引领有机地贯穿于整本教材始末，环环相扣，凸显育人功能。

2. 数字技术赋能教与学，实现职教创新发展

习近平同志指出：“教育数字化是我国开辟教育发展新赛道和塑造教育发展新优势的重要突破口。”可见，要充分利用数字技术来加强有组织的育人工作。本教材为新型一体化教材，借助数字技术与在线教学平台，实现知识经验从“栖居纸本”向“悠游网络”的转变。本教材包含知识点动画、教学微课、科普视频等多种数字化资源，并已在智慧职教职业教育专业教学资源库中上线，兼具在线和开放的特征。学生可以通过扫描二维码免费获得所有在线学习资源。同时，本教材对应课程已在智慧职教 MOOC 学院中按期开课，学生可以通过二维码加入课程，实现沉浸式、交互式、协作式等多元化学习模式。

“光纤通信技术与设备”MOOC 网址

3. 工程项目引领行稳致远，任务实践赋能专业成长

本教材以项目为导向、以任务为驱动，以工作过程来促进光纤通信系统知识的掌握，将复杂的光纤通信技术内容分解为五个典型项目，包括光纤通信发展史、光纤通信传输媒介、光纤通信器件、SDH技术应用以及OTN技术应用，每个项目都包括构思→设计→实现→运作四个环节，遵循任务驱动法的实施流程：明确任务→示范讲解→操作练习→随堂指导→总结归纳→结果展示→检验点评，使学生思维得到从感性到理性的螺旋式提高。

4. 校企合作共育数字工匠，现代学徒制特色教学

本教材为武汉软件工程职业学院通信技术专业现代学徒制项目专业课程的配套教材。本教材内容是完全按照企业需求，在行业专家、企业技术骨干和学校专业教师的共同努力下开发的，并由企业专家和专业教师共同录制教学微课。本教材深度融入"中国·光谷"及武汉城市圈电子信息产业发展，联合大型通信企业，完善教材内容，重建在线资源，实现现代学徒制特色教学。

5. "岗课赛证"融通，构建四维评价模式

本教材贯彻"岗课赛证"融通，综合育人的要求，对接新一代信息技术产业，服务区域经济发展，面向新一代信息技术光纤通信工程师岗位，参考全国职业院校技能大赛5G组网与运维赛项要求，对标5G承载网络运维1+X证书的考核标准，将岗课、赛课、证课有机融合。在此基础上，构建"企业岗位、学校课程、技能竞赛和行业资格认证"四维评价模式，实现"岗课赛证"综合育人。

本教材第一主编朱芸曾获湖北省技能能手称号，有五年通信行业一线生产研发工作经验，十五年通信专业职业教育教学经验。团队成员包括高等职业学校一线教师、企业专家和技术骨干。本教材由武汉软件工程职业学院朱芸、武汉交通职业学院梁娟、武汉烽火技术服务有限公司陈文尧主编，特别感谢参与教材编写的武汉软件工程职业学院、武汉交通职业学院的专业老师，以及武汉烽火技术服务有限公司的一线技术专家！

由于教学团队的教学改革还在持续进行，教学项目还在不断优化，教材编写还存在很多不足，敬请各位专家、读者原谅，欢迎大家多提宝贵修改意见，谢谢！

编者

2024年6月2日于武汉

目　　录

项目 1

走进光纤通信

通信，指人与人或人与自然之间通过某种行为或媒介进行的信息交流与传递。而这种通信行为是以光波作为载波的方式进行的，便称之为光通信。

人类对于光纤通信的认识起始于光通信。光纤是光波导纤维的简称。光纤通信是以光波为信息载体，以光纤为传输媒介，将信息从一处传至另一处的通信方式，因而也被称为"有线"光通信。光纤通信技术(optical fiber communications)从光通信中脱颖而出，已成为现代通信的主要支柱之一，在现代电信网中起着举足轻重的作用。其发展速度之快、应用面之广是通信史上罕见的，也是世界新技术革命的重要标志，是未来信息社会中各种信息的主要传递方式。

笔记

动画 1-1　光纤通信

任务 1-1　了解光纤通信发展史

任务目标

- 了解原始的光通信方式
- 熟悉光纤通信发展的两大技术关键
- 了解光纤通信的发展历史

任务描述

通过对理论知识的学习，以及对光纤通信发展史中各种小故事的了解，完成对光纤通信发展史的认识。

本任务旨在让学习者了解国内外光纤通信的发展历史，培养其热爱通信专业的精神，使其乐于投身专业工作，提升其为国家的科技进步做贡献的责任意识。

知识链接

光纤通信源于人类对光通信的认识。自古以来，人类对于光的感知尤为敏锐，光也成为人类早期的信息传递渠道之一。如今光纤通信技术已成为现代通信的主要支柱之一，那么它的发展进程又经历了哪些阶段呢？

1. 原始的光通信方式

原始的光通信方式实际上就是目视光通信阶段，它有着久远的历史，并且与我们的生活息息相关。

由于奴隶制国家在政治和军事方面的需求，早在三千多年前的周朝，我国就开始利用烽火台进行通信。烽火台就是一种原始的信息传递工具，是人类最早使用的系统光通信技术之一。这种创造其实是一种自然的直觉催生出来的。

17 世纪中叶，望远镜的发明使得人们能够看到更远的地方。1791 年法国人发明了灯语，自此灯语通信在欧洲风靡一时。时至今日，望远镜、旗语、信号灯等目视光通信手段仍然在科技、军事、交通等各种领域延续使用。显而易见，目视光通信的共同特点就是利用大气来传播可见光，由人眼来接收。而正是由于它的这种特点，该通信方式不可避免地存在着局限性。

笔记

目视光通信的局限性有以下几点：

(1) 以非相干光作为光源，方向性不好，稳定性差，不易于信号的调制和传输。

(2) 以大气作为传输介质，损耗非常大，无法实现远距离传输，同时还极易受到天气的影响，通信极不稳定可靠。

(3) 由人眼来接收，要求收发双方直线可见，并且容易受到各种障碍物的遮挡，阻碍通信。

由于上述的种种问题，光通信的应用范围必然受到局限。而正是由于光通信缺乏稳定的光源和合适的传输介质这两个必要条件，光通信才在很长一段时间内都沉寂在历史长河之中，没有得到迅速的发展。

随着人类社会的发展和进步，人们对信息的要求呈现出爆炸式的增长。这就使得电通信的固有缺陷(信道容量受限、投资大、设备复杂等)越发明显，人们期待着新的通信方式的出现。而这个新的通信方式就是光纤通信。

实现光纤通信有两大要点：一是稳定的光源，必须是相干光，频率和方向的单一性较好，适合信息的调制；二是合适的传输介质，对光信号的传输损耗小。

1970 年，激光器和光纤这两项研究成果同时问世，自此光纤通信的发展拉开了序幕。因此，1970 年被称为光纤通信的“元年”。

2. 光源的突破

1960年,美国物理学家梅曼发明了第一台红宝石激光器,进行了人造激光的第一次试验。这束仅持续了三亿分之一秒的红色激光标志着人类文明史上一个新时代的来临。

1970年,贝尔研究所的林严雄等人研制出能在室温下连续工作的半导体激光器,虽然这个激光器的寿命只有几小时,但其意义是重大的,它的诞生为半导体激光器的发展奠定了基础。

1973年,半导体激光器的寿命达到十万小时,完全满足实用化的要求。

在激光器技术发展上,我国一直紧跟世界脚步。1961年,王之江院士团队成功研制了中国第一台激光器(红宝石固体激光器)。1962年至1963年,我国首台钕玻璃激光器、氦氖激光器、半导体激光器也相继问世。

随着激光技术快速发展并展示出强大的应用前景,1964年我国规模最大的激光科学技术专业研究所——中国科学院上海光学精密机械研究所成立。经过五十多年的发展,该所已成为以探索现代光学重大基础及应用基础前沿、发展大型激光工程技术,并开拓激光与光电子高技术应用为重点的综合性研究所。

目前,我国已建成世界最高峰值功率的羲和激光装置、神光项目等高功率大能量激光器。

3. 传输介质的突破

事实证明,若要光通信取得电通信那样的辉煌,仅仅有激光器那样的光源还不够,还必须克服利用大气传输的局限,寻找一个合适的光信道。为此人们又尝试了各种传输介质,但终因衰减过大或者造价昂贵而无法实用化,包括利用玻璃制成的光导纤维。当时世界上只能制造用于工业、医学方面的光纤,其损耗在1000 dB/km以上。损耗为1000 dB/km是什么概念呢?每千米10分贝损耗就是输入的信号传送1千米后只剩下了十分之一,20分贝就表示只剩下百分之一,30分贝是指只剩千分之一……1000分贝的含意就是只剩下亿百分之一,这是无论如何也不可能满足通信要求的。

直至1966年,英藉华人科学家高锟博士(C. K. Kao)和霍克哈姆(C. A. Hockham)在PIEE杂志上发表了一篇十分著名的文章《用于光频的光纤表面波导》,阐述了利用玻璃制作通信光导纤维(即光纤)的可行性和技术途径,科学地预言了制造通信用、超低耗光纤的可能性,即通过加强原材料提纯,再掺入适当的掺杂剂,可以把光纤的损耗系数降低到20 dB/km以下。以后的事实发展证明了该文章的理论性和科学预言的正确性,所以该文被誉为光纤通信的里程碑,奠定了光纤通信的基础。

1970年,光纤研制取得了重大突破。美国康宁(Corning)公司首先研制出损耗为20 dB/km的光纤,证实了高锟理论的可行性。自此,光纤通信开始可以和同轴电缆通信竞争,世界各国相继投入大量人力物力,把光纤通信的研究开发推向一个新的时代。

笔记

1972 年，随着光纤制备工艺中的原材料提纯、制棒和拉丝技术的提高，梯度折射率多模光纤的损耗系数降至 4 dB/km。

1973 年，美国贝尔实验室研制的光纤损耗降至 2.5 dB/km，隔年又降至 1.1 dB/km。

1976 年，日本电报电话(NTT)公司等单位将光纤损耗降至 0.47 dB/km。

1980 年，光纤损耗降至 0.2 dB/km。80 年代初期，光纤损耗接近了损耗的理论极限。

而我国在光纤技术上的研究也一直不甘人后。1972 年底，赵梓森院士获悉，美国有家公司已成功研制出 30 m 长的光导纤维。这让他大吃一惊：当时中国的通信传输主要依靠铜线电缆，传播距离只能达到 100 m，更长距离就需要通过中继站来延续信号，而美国的光纤，传播距离能达数千米。

美国人能办到的事情，咱中国人也一定能！于是在 1974 年，赵梓森院士遵循实事求是的原则，正式提出石英光纤通信技术方案。1976 年 3 月，在经过两年的奋力拼搏后，武汉邮电科学研究院一个厕所旁的简陋实验室里，一根长度为 17 米的“玻璃细丝”——也就是中国第一根石英光纤，从赵梓森院士手中缓缓流过。随后，武汉邮科院又经过三年艰难攻关，终于在 1979 年成功研制出中国第一根具有实用价值的光纤：每千米衰耗只有 4 分贝，处于世界先进水平。赵梓森院士也被尊称为“中国光纤之父”。

笔记

时光飞逝，我国光纤光缆行业又迎来了持续快速的发展。光纤预制棒产业取得整体性、群体性突破，光纤预制棒的国产化率大幅提高；光纤拉丝生产工艺大幅提高，达到世界先进水平；光纤光缆产销量占到全球 58% 左右的份额，我国成为名副其实的世界第一光纤光缆产销大国。

4. 光纤通信系统的发展历程

激光器和低损耗光纤这两项关键技术的重大突破，使光纤通信开始从理想走向现实。

1976 年，美国首先在亚特兰大成功地进行了以 44.736 Mb/s 传输 10 km 的光纤通信系统现场试验，使光纤通信向实用化迈出了第一步。

1977 年，美国在芝加哥两个电话局之间开通了世界上第一个使用多模光纤的商用光纤通信系统(距离 7 km，波长 850 nm，速率 44.736 Mb/s)。之后日本、德国、英国也先后建起了光缆线路。

1979 年，单模光纤通信系统进入现场试验。自此光纤通信在全世界开始飞速发展。

在光纤通信系统的研究方面，我国也是与时俱进。1982 年 1 月，我国第一条实用化光纤通信系统在武汉建成，跨越武汉三镇，全长 13.3 km，传输速率达到 8.448 Mb/s，可同时传输 120 路电话。

1983 年，武汉市话中继光缆系统(13.5 km、0.85 μm、多模 3.5 dB/km、8 Mb/s)正式投入电话网使用，标志着中国光纤通信走向实用化阶段，1985 年该系统扩容到 34 Mb/s。

1988—1990 年，汉荆、杨高、合芜等工程相继完成，单模光纤光缆开始应用；邮电部建设“八纵八横”光缆干线工程，1998 年全部建成。

八纵八横通信干线光缆工程建成后，我国通信光缆工程又不断有新发展。传输速率从 2.5 Gb/s 提升到 10 Gb/s，开始采用波分复用技术。中国电信、中国移动、中国网通又建设了高速传输新环路。进入 21 世纪光缆线路从干线网向城域网、接入网发展，铜退光进，最终到 FTTH。

时至今日，我国现已敷设光缆总长度为 5249 万千米，其中长途光缆为 112.9 万千米，占比 2.25%；已敷设光纤总长度约为 24 亿芯千米，占全球已敷设光纤的 48%左右。

任务实施

步骤一 学习知识链接中的内容，了解光纤通信的发展历史。

步骤二 学习指导视频微课，巩固本次任务中需要掌握的知识重点。

任务指导 1-1 光纤通信的发展历史

任务检查与评价

笔记

任务完成情况的测评细则参见表 1-1。

表 1-1 项目 1 任务 1 测评细则

一级指标	比例	二级指标	比例	得分
了解原始的光通信方式	20%	1. 认识目视光通信	7%	
		2. 能举例说明生活中目视光通信的实际案例	7%	
		3. 能说明目视光通信的局限性	6%	
熟悉光源的突破历程	40%	1. 国外光源的发展历史	20%	
		2. 国内光源的发展历史	20%	
熟悉光纤的突破历程	40%	1. 国外光纤的发展历史	20%	
		2. 国内光纤的发展历史	20%	

巩固与拓展

1. 巩固自测

通过在本任务实施过程中的学习，完成题库中的练习。

题库 1-1

2. 任务拓展

编写个人针对本课程的学习计划,并完成未来的职业规划。

任务 1-2 认识光纤通信系统

任务目标

- 熟悉光纤通信系统的结构
- 熟悉光纤通信的特点
- 了解光纤通信的发展趋势

任务描述

通过理论知识的学习,完成对光纤通信系统结构、特点和发展趋势的认识。

本任务旨在让学习者了解光纤通信系统的基本知识,培养其对通信技术的专业认同以及对光纤通信技术与设备的学习积极性。

笔记

知识链接

1880 年,美国科学家贝尔利用弧光灯或者太阳光作为光源,使光束通过透镜聚焦在话筒的震动片上。当人对着话筒讲话时,震动片随着话音震动而使反射光的强弱随着话音的强弱作相应的变化,从而使话音信息"承载"在光波上(这个过程叫调制)。在接收端,装有一个抛物面接收镜,它把经过大气传送过来的载有话音信息的光波反射到硅光电池上,硅光电池将光能转换成电流(这个过程叫解调)。电流送到听筒,就可以听到从发送端送过来的声音了。这是最早的光通信系统,是光通信技术的开端,为现代光纤通信系统的发展奠定了基础。

动画 1-2 贝尔光电话

1. 光纤通信系统的结构

最基本的光纤通信系统由发送端、接收端和作为广义信道的基本光纤传输系统三大部分组成,如图 1-1 所示。

(1) 发送端

信源作为信息的发出者把用户的各种信息传送给电发送机。电发送机对信源发出的消息进行处理,如模数转换、调制、编码以及多路复用等,再把处理好后的电信号发送给光发送机。

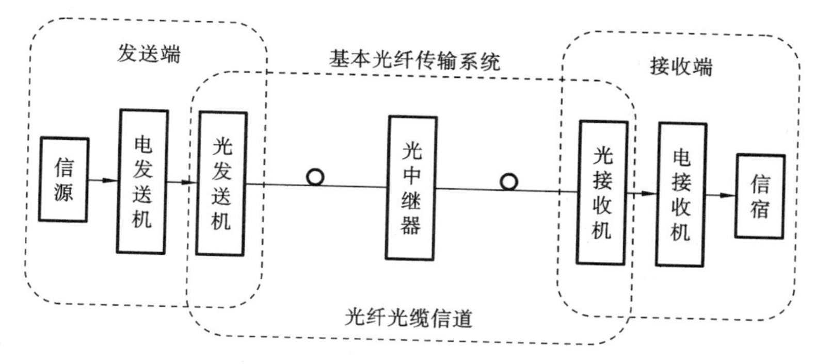

图 1-1 光纤通信系统结构

(2) 基本光纤传输系统

基本光纤传输系统可以细分为四个部分,即光发送机、光纤光缆信道、光中继器和光接收机。

光发送机的功能是将来自电端机的电信号对光源发出的光波进行调制,产生已调光波,并用耦合技术把光信号最大限度地注入光纤线路。

光纤光缆信道的功能是把来自光发送机的光信号,以尽可能小的畸变和损耗传输到光接收机,完成传送信息的任务。

光中继器的作用有两个:一是补偿光信号在光纤中传输时受到的衰减;二是对波形失真的脉冲进行整形。

光接收机的功能是把从光纤光缆信道中传送过来的产生畸变和损耗的微弱光信号转换为电信号,并经放大和处理后恢复成发送前的电信号。

(3) 接收端

光载波经过光纤光缆信道传输到接收端,再由光接收机把光信号转换为电信号。电接收机的功能和电发射机的功能相反,它把接收的电信号转换为基带信号,最后由信宿恢复用户信息。

2. 光纤通信的特点

(1) 宽带信息容量大

光纤通信容量大,并且光纤的传输宽度比电缆线和铜线的宽度大很多,一根光纤的潜在带宽可达 20 THz。采用这样的带宽,只需一秒钟左右,即可将人类古今中外全部的文字资料传送完毕。但是对于单波长的光纤系统,由于终端的设备受到很大的限制,往往发挥不出光纤的传输宽度的优点。所以需要科学的技术增加传输的容量。

(2) 损耗低,可长距离传送

与传统的通信方式相比,光纤通信的损耗要低得多,能够进行更长距离的通信传输,目前最长的通信距离可以达到万米以上。因此,光纤通信在现代社会网络中更实用,具有更高的性价比和更好的安全性。

(3) 抗电磁干扰能力强

光纤主要是由石英作为原材料制造出的绝缘体材料,这种材料绝缘性好,而且不容易被腐蚀。光纤通信最重要的特点是抗电磁干扰能力强,并且不受自然界的太阳黑子活动的干扰、电离层的变化以及雷电的干扰,也

笔记

不会受到人为的电磁干扰。光纤通信还可以与电力导体进行复合,形成复行型的光缆线,或者与高压电线平行架设,光纤通信的这一特性对强电领域的通信系统具有很大的作用。此外,由于此类通信可以不受电磁脉冲的干扰,光纤通信系统也可以运用到军事中。

(4) 安全性能和保密性好

在以往的电波传输中,由于电磁波在传输的过程中有泄漏的现象,因此会造成各种传输系统的干扰,并且保密性不好。但是光纤通信主要是利用光波进行传输信号的,光信号被完全限制在光波导的结构中,而其他泄漏的射线都会被光纤线外的包皮吸收,即使在条件不好的环中或者是拐角处也很少有光波泄漏的现象。并且在光纤通信的过程中,很多的光纤线可以放进一个光缆内,也不会出现干扰的情况。因此光纤通信具有很强的抗干扰能力和保密性,并且光纤通信的安全性能也是非常高的。

(5) 线径细、质量小

光纤内芯半径约 0.1 mm,为单管同轴电缆的 1%。线径细这一特点使得整个传输系统占用空间小,具备节约地下管道资源、减少占地面积的优点。此外,光纤属玻璃材质,质量极轻,构成的光缆质量也较小,1 m 单管同轴电缆的质量为 11 kg,而同容量下光缆仅为 90 g。

笔记

3. 光纤通信的发展趋势

(1) 波分复用系统

超大容量、超长距离传输技术中,波分复用技术极大地提高了光纤传输系统的传输容量,在未来跨海光传输系统中有广阔的应用前景。波分复用系统发展迅猛,6 Tb/s 的 WDM 系统已经得到大量应用,同时全光传输距离也在大幅扩展。提高传输容量的另一种途径是采用光时分复用(OTDM)技术,与 WDM 通过增加单根光纤中传输的信道数量以提高其传输容量不同,OTDM 技术是通过提高单信道速率来提高传输容量,其实现的单信道最高速率达 640 Cb/s。

(2) 光孤子通信

光孤子是一种特殊的 ps 数量级的超短光脉冲,由于它在光纤的反常色散区,群速度色散和非线性效应相应平衡,因而经过光纤长距离传输后,波形和速度都保持不变。光孤子通信就是用光孤子作为载体实现长距离无畸变的通信,在零误码的情况下信息传递可达万里之遥。

(3) 全光网络

未来的高速通信网将是全光网。全光网是光纤通信技术发展的最高阶段,也是理想阶段。传统的光网络实现了节点间的全光化,但在网络节点处仍采用电器件,限制了通信网干线总容量的进一步提高,因此,实现真正的全光网已成为一个非常重要的课题。全光网络以光节点代替电节点,节点之间也是全光化,信息始终以光的形式进行传输与交换,交换机对用户信息的处理不再按比特进行,而是根据其波长来决定路由。

近几年来,随着技术的进步,电信管理体制的改革以及电信市场的逐步全面开放,光纤通信的发展又一次呈现了蓬勃发展的新局面。

从近几年光纤通信的发展来看，建设一个最大透明的、高度灵活的和超大容量的国家骨干光网络，不仅可以为未来的国家信息基础设施(NII)奠定一个坚实的物理基础，也对我国的信息产业和国民经济的腾飞以及国家的安全有极其重要的战略意义。发展光纤通信产业也是现代通信的不可逆转的趋势。

任务实施

学习知识链接中的内容，了解光纤通系统的结构、特点及发展趋势。

任务检查与评价

任务完成情况的测评细则参见表1-2。

表1-2 项目1任务2测评细则

一级指标	比例	二级指标	比例	得分
熟悉光纤通信系统的结构	40%	1. 能说明贝尔光电话的工作原理	10%	
		2. 能说出最基本光纤通信系统的组成部分及各部分功能	30%	
熟悉光纤通信系统特点	30%	能简单描述光纤通信系统的特点	30%	
了解光纤通信系统的发展趋势	30%	能简单说明光纤通信系统未来的发展趋势	30%	

笔记

巩固与拓展

1. 巩固自测

通过在本任务实施过程中的学习，完成题库中的练习。

题库1-2

2. 任务拓展

了解光纤通信系统的组网结构。

绘制光纤通信系统结构图。

项目 2

认识光纤通信传输媒介

在光通信中，长距离传输光信号所需要的传输介质是一种叫光导纤维（简称光纤）的圆柱体介质波导。

所谓“光纤”就是工作在光频下的一种介质波导，它引导光能沿着轴线平行方向传输。

任务 2-1　使用光纤熔接机熔接光纤

笔记

任务目标

- 认识光纤的结构与分类
- 掌握光纤熔接机的使用方法
- 掌握光纤熔接的步骤和注意事项

任务描述

本任务通过知识链接的学习，配合光纤跳线实物的展示，完成对光纤结构与分类的学习。

在学习者对光纤结构及分类有了一定认识的基础上，配合光纤熔接操作微课的指导教学，学习者应能掌握光纤熔接机的使用方法，并能够独立完成光纤熔接的实践操作。

本任务旨在让学习者了解光纤通信工程建设中常用的光纤结构与类型，掌握光纤熔接机的使用方法并能够独立完成光纤熔接的实践操作，培养其专业认知和职业素养，让学习者认识到做到匠心极致，才能成就低损极限。

知识链接

1. 光纤的结构

目前通信光纤最主要的材质以高纯度的石英玻璃为主，掺少量杂质锗、硼、磷等。光纤的典型结构是一种细长多层同轴圆柱形实体复合纤维。

自内向外分别为：纤芯、包层、一次涂覆层，以及最外层的套层，如图 2-1 所示。

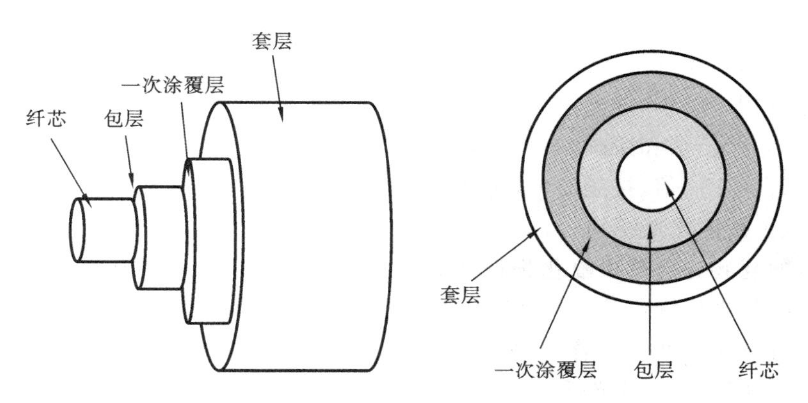

图 2-1　光纤结构示意图

纤芯位于光纤中心，直径 $d_1 = 4 \sim 50\ \mu m$，单模光纤的纤芯为 $4 \sim 10\ \mu m$，多模光纤的纤芯为 $50\ \mu m$。纤芯的成分是高纯度 SiO_2，掺有极少量的掺杂剂（如 GeO_2、P_2O_5），提高纯度的作用是提高纤芯对光的折射率（n_1），以传输光信号。

笔记

包层位于纤芯外层，直径 $d_2 = 125\ \mu m$，其成分也是含有极少量掺杂剂的高纯度 SiO_2。掺杂剂（如 B_2O_3）的作用是适当降低包层对光的折射率（n_2），使之略低于纤芯的折射率，即 $n_1 > n_2$，使得光信号封闭在纤芯中传输。

纤芯和包层组成裸光纤。

一次涂覆层是为了保护裸纤而在其表面涂上聚氨基甲酸乙酯或硅酮树脂，厚度一般为 $30 \sim 150\ \mu m$。

套层又称二次涂覆或披覆层，多采用尼龙或聚乙烯等塑料。经二次涂覆的裸光纤称为光纤芯线。

涂覆的作用是保护光纤不受水汽侵蚀和机械擦伤，同时又增加了光纤的机械强度与可弯曲性，起着延长光纤寿命的作用。涂覆后的光纤其外径约 1.5 mm。通常所说的光纤为此种光纤。

2. 光纤的分类

光纤的分类方法很多。

(1) 按光纤材料分类

按组成材料，光纤可分为石英系光纤、多组分玻璃光纤、全塑料光纤、氟化物光纤及硫硒化合物光纤。

① 石英系光纤

石英光纤是以二氧化硅为主要原料，并用不同的掺杂量来控制纤芯和包层的折射率分布的光纤。石英（玻璃）系列光纤具有低耗、宽带的特点，已广泛应用于有线电视和通信系统。

② 多组分玻璃光纤

多组分玻璃光纤是在二氧化硅原料中，再适当混合氧化钠、氧化硼、氧化钾等氧化物制作成的。多组分玻璃比石英玻璃的软化点低，且纤芯与包层的折射率差很大，主要用在医疗业务的光纤内窥镜。

③ 全塑料光纤

全塑料光纤是将纤芯和包层都用塑料（聚合物）做成的光纤。早期产品主要用于装饰、导光照明及近距离光键路的光通信中。原料主要是有机玻璃、聚苯乙烯和聚碳酸酯。塑料光纤的纤芯直径为 1000 μm，比单模石英光纤大 100 倍，接续简单，而且易于弯曲施工容易。

④ 氟化物光纤

氟化物光纤是由氟化物玻璃做成的光纤。主要用于工作在波长 2～10 μm 的光传输业务。其具有超低损耗，目前将其用于长距离通信光纤的可行性开发正在进行着。

⑤ 硫硒化合物光纤

在光纤的纤芯中，掺杂如铒、钕、镨等稀土族元素的光纤。掺杂稀土元素的光纤有激光振荡和光放大的现象。

（2）按光纤传输模式分类

按光在光纤中的传输模式，光纤可分为单模光纤和多模光纤。

笔记

① 传播模式概念

我们知道，光是一种频率极高（3×10^{14} Hz）的电磁波，当它在波导—光纤中传播时，根据波动光学理论和电磁场理论，需要用麦克斯韦方程组来解决其传播方面的问题。而烦琐地求解麦克斯韦方程组之后就会发现，当光纤纤芯的几何尺寸远大于光波波长时，光在光纤中会以几十种乃至几百种传播模式进行传播，如 TM_{mn} 模、TE_{mn} 模、HE_{mn} 模等（其中 m，n＝0，1，2，3，…）。其中 HE_{11} 模被称为基模，其余的皆称为高次模。

② 多模光纤

在工作波长一定的情况下，光纤中存在有多个传输模式，这种光纤就称为多模光纤。多模光纤纤芯较粗，其纤芯直径 50～62.5 μm，包层外直径 125 μm，可传输多种模式的光。但其模间色散较大，限制了传输数字信号的频率，而且随着距离的增加会更加严重。因此，多模光纤传输的距离就比较近，一般只有几千米。

动画 2-1　多模传输

③ 单模光纤

在工作波长一定的情况下只有一种传输模式的光纤，称为单模光纤。单模光纤纤芯很细，其纤芯直径 8～10 μm，包层外直径 125 μm，只能传输一种模式的光，即基模（最低阶模），不存在模间的传输时延差。因此，其模间色散很小，适用于远程通信，但还存在着材料色散和波导色散，所以单模光纤对光源的谱宽和稳定性有较高的要求，即谱宽要窄，稳定性要好。

动画2-2　单模传输

(3) 按光纤折射率分布分类

按折射率分布情况，光纤可分为阶跃型光纤和渐变型光纤。

① 阶跃型多模光纤

光纤的纤芯折射率高于包层折射率，使得输入的光能在纤芯-包层交界面上不断产生全反射而前进。这种光纤纤芯的折射率是均匀的，包层的折射率稍低一些。光纤纤芯到玻璃包层的折射率是突变的，只有一个台阶，所以称为阶跃型折射率多模光纤，简称阶跃光纤，也称突变光纤，如图2-2所示。

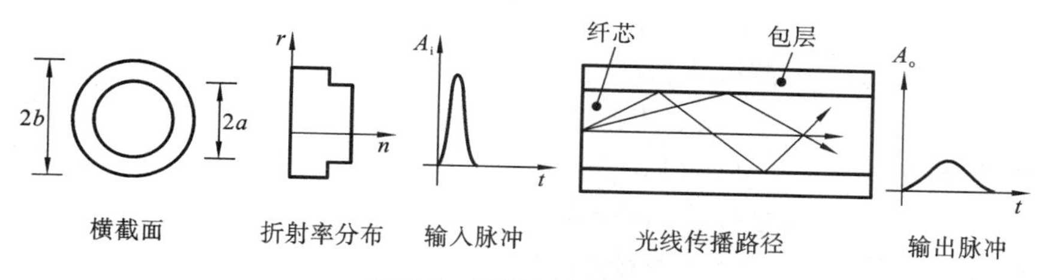

图2-2　阶跃型多模光纤

笔记

阶跃型多模光纤的传输模式很多，各种模式的传输路径不一样，经传输后到达终点的时间也不相同，因而会产生时延差，使光脉冲受到展宽。所以这种光纤的模间色散高，传输频带不宽，传输速率不能太高，用于通信不够理想，只适用于短途低速通信。这是研究开发较早的一种光纤，现在已逐渐被淘汰了。

② 渐变型多模光纤

为了解决阶跃光纤存在的弊端，人们又研制开发了渐变折射率多模光纤，简称渐变光纤，如图2-3所示。光纤纤芯到玻璃包层的折射率逐渐变小，可使高次模的光按正弦形式传播，这能减少模间色散，提高光纤带宽，增加传输距离，但成本较高，现在的多模光纤多为渐变型光纤。

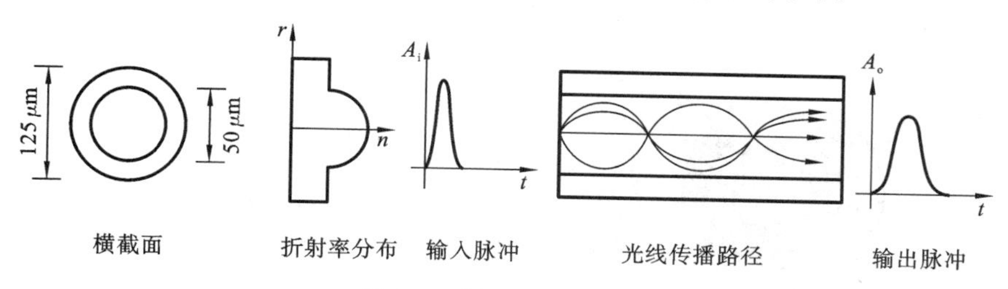

图2-3　渐变型多模光纤

渐变光纤的包层折射率分布与阶跃光纤的一样，是均匀的。渐变光纤的纤芯折射率沿纤芯半径方向逐渐减小。由于高次模和低次模的光线分别在不同的折射率层界面上按折射定律产生折射，进入低折射率层中，因此，光的行进方向与光纤轴方向所形成的角度将逐渐变小。同样的过程不断发生，直至光在某一折射率层产生全反射，使光改变方向。

③ 单模光纤

单模光纤由于光纤中只有一种传输模式，光纤模间色散很小，所以单模光纤都采用阶跃型，折射率分布与突变型光纤的相似，如图 2-4 所示。

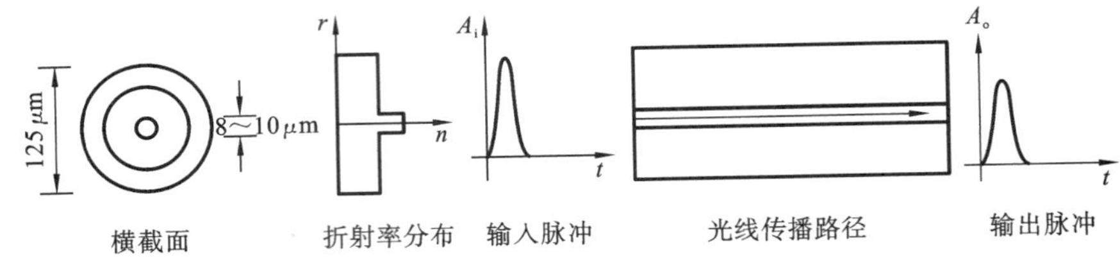

图 2-4　单模光纤

(4) 按光纤工作波长分类

按工作波长，光纤可分为短波长光纤、长波长光纤和超长波长光纤。短波长光纤是指 0.8～0.9 μm 的光纤；长波长光纤是指 1.0～1.7 μm 的光纤；超长波长光纤是指 2.0 μm 以上的光纤。光纤损耗一般是随波长加长而减小，0.85 μm 的损耗为 0.35 dB/km，1.55 μm 的损耗为 0.20 dB/km。20 世纪 80 年代起，倾向于多用单模光纤，而且优先采用长波长 1.31 μm。

笔记

(5) 按套塑结构分类

按套塑结构划分，光纤可分为紧套光纤和松套光纤。

① 紧套光纤

所谓紧套光纤是指二次、三次涂敷层与预涂敷层及光纤的纤芯、包层等紧密地结合在一起的光纤，如图 2-5(a)所示。未经套塑的光纤，其温度特性本是十分优良的，但经过套塑之后其温度特性下降。这是因为套塑材料的膨胀系数比石英的高得多，在低温时收缩较厉害，压迫光纤发生微弯曲，增加了光纤的衰耗。

② 松套光纤

所谓松套光纤是指，经过预涂敷后松散地放置在一塑料管之内，不再进行二次、三次涂敷的光纤，如图 2-5(b)所示。松套光纤的制造工艺简单，温度特性与机械性能也比紧套光纤的好，因此越来越受到人们的重视。

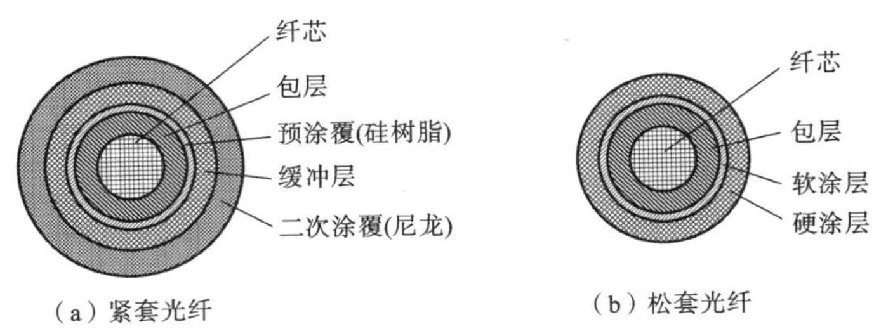

(a) 紧套光纤　　(b) 松套光纤

图 2-5　套塑光纤结构

任务实施

步骤一 学习光纤熔接机介绍指导视频微课，熟悉光纤熔接机的结构和使用方法。

任务指导2-1 光纤熔接机介绍

步骤二 学习光纤熔接操作指导视频微课，掌握光纤熔接的步骤和注意事项。

任务指导2-2 光纤熔接方法

步骤三 按照光纤熔接操作指导视频微课的示范，进行光纤熔接的操作实践。

笔记

任务检查与评价

任务完成情况的测评细则参见表2-1。

表2-1 项目2任务1测评细则

一级指标	比例	二级指标	比例	得分
熟悉光纤熔接机	40%	1. 完成冷却槽组装	4%	
		2. 完成电源适配器安装并开机	4%	
		3. 熟悉光纤熔接机的结构	8%	
		4. 完成相关参数设置	8%	
		5. 掌握使用方法	16%	
完成光纤熔接实践	50%	1. 熔接前的准备	15%	
		2. 光纤熔接	25%	
		3. 加热保护套管并冷却	10%	
职业素养与职业规范	10%	1. 设备操作规范	2%	
		2. 工具、仪器和仪表的使用	3%	
		3. 现场安全、整洁情况	2%	
		4. 团队分工协作情况	3%	

巩固与拓展

1. 巩固自测

通过本任务实施过程中的学习内容，完成题库中的练习。

题库 2-1

2. 任务拓展

学习光纤标准。

以实验室光纤实物为例，分析其结构和类型，并说明其是哪一种标准的光纤，具有什么特点。

任务指导 2-3 光纤的标准

笔记

任务 2-2 使用红光笔快速确认同根光纤的两端

任务目标

- 了解光纤的导光原理
- 掌握红光笔的使用方法
- 完成红光笔快速确认同根光纤的两端的实践操作

任务描述

通过理论知识的学习，配合光线在光纤中传输过程的展示，完成对光纤导光原理的学习。

在对光纤导光原理有了一定认识的基础上，配合使用红光笔检测光纤跳线故障操作微课的指导教学，学习者应掌握红光笔的使用方法，并能独立完成使用红光笔快速确认同根光纤的两端的实践操作。

本任务旨在让学习者定性地了解光纤的导光原理，掌握红光笔的使用方法并能够独立完成红光笔快速确认同根光纤的两端的实践操作，培养其专业认知和职业素养。

知识链接

1. 光的波粒二象性

光的波粒二象性是指光既具有波动特性，又具有粒子特性。科学家发现光既能像波一样向前传播，有时又表现出粒子的特征。因此我们有两种分析光纤传输特性的理论，即波动理论和光射线理论。

波动理论是分析光纤的标准理论，这种分析方法能够精确地描述光纤的传输特性，但需要应用电磁场理论、波动光学理论，甚至量子场论方面的知识，非常复杂；而光射线理论是用几何光学的分析方法，将光看成是传播的“光线”，物理描述直观，可以解决一些实际问题。

使用光射线理论分析光纤导光原理的结果，与波动理论的结果十分接近。而且由于波动理论的复杂性，本书就使用光射线理论进行导光原理的分析，可以使读者定性地了解光纤的导光原理。

2. 光纤的折射和反射

光线在不同的介质中以不同的速度传播，描述介质的这一特征的参数就是折射率。折射率可由下式确定。

$$n=\frac{c}{v} \tag{2-1}$$

笔记

式中：v 是光在某种介质中的速度；c 是光在真空中的速度。在折射率为 n 的介质中，光的传播速度变为 $v=\frac{c}{n}$，光的波长变为 $\lambda=\frac{\lambda_0}{n}$（$\lambda_0$ 为光在真空中的波长）。

按照光射线理论，当一条光线照射到两种介质相接的边界时，入射光线将分成两束：反射光线和折射光线。以包层和纤芯的相接边界为例，当光线入射时，其折射和反射现象如图 2-6 所示。

由菲涅耳定律可知，反射角与入射角均为 θ_1，折射角为 θ_2，且 $n_1\sin\theta_1=n_2\sin\theta_2$。已知 n_1（光纤的纤芯折射率）$>n_2$（包层的折射率），则 $\theta_1<\theta_2$。显然随着入射角 θ_1 的增大，折射角 θ_2 也会逐渐增大，当折射角 θ_2 等于或大于 90 °时，光线的传播出现全反射的现象，如图 2-7 所示。这意味着折射光不再进入包层，而出现在纤芯与包层的分界面（此时的入射角 θ_1，定义为临界角 θ_c）或返回纤芯。

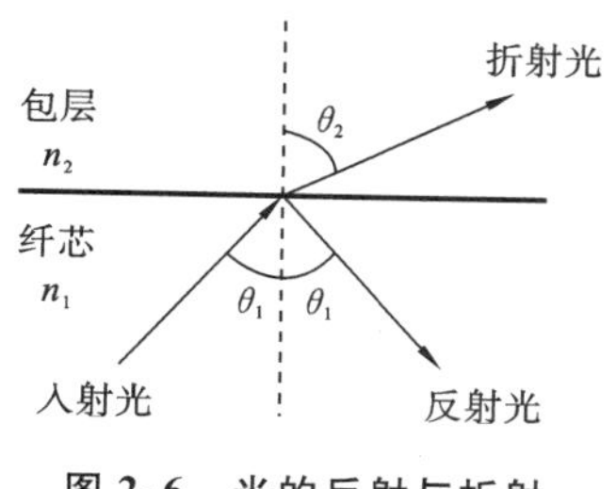

图 2-6　光的反射与折射

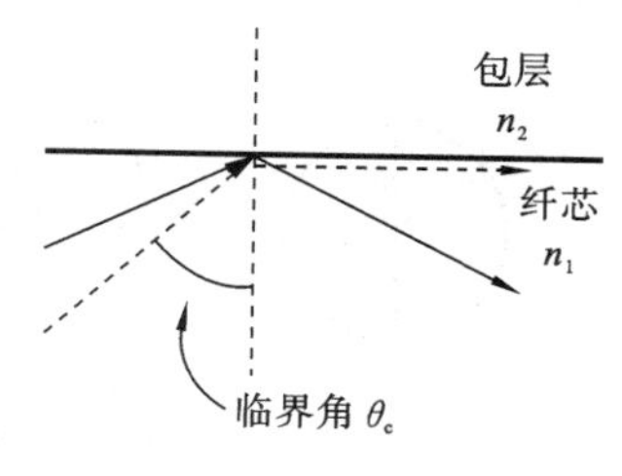

图 2-7　光的全反射

全反射是光信号在光纤中传播的必要条件，光信号会在纤芯区域内传播，不会泄漏到包层中，大大降低了光纤的衰耗，因此光纤可以实现远距离传输。

3. 光在阶跃光纤中的传输原理

(1) 相对折射率差

为了让光波在纤芯中传输，纤芯折射率 n_1 必须大于包层折射率 n_2，实际上，纤芯折射率与包层折射率的大小直接影响着光纤的性能。在光纤的分析中，常常用相对折射率差这样一个物理量来表示它们相差的程度，用 Δ 表示。

$$\Delta=\frac{n_1^2-n_2^2}{2n_1^2} \tag{2-2}$$

当 n_1 与 n_2 差别极小，这种光纤称为弱导光纤。其相对折射率差 Δ 可以近似为

$$\Delta\approx\frac{n_1-n_2}{2n_1} \tag{2-3}$$

光纤通信中实用的光纤都属于弱导光纤。

(2) 阶跃型光纤中光射线种类

① 斜射线

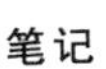

光射线在光纤中传播时，如果传播路径不在同一个子午面内，则称此射线为斜射线。斜射线是不在一个平面内，并不经过光纤轴线的射线。射线被限制在一定的范围内传输，这个范围称为焦散面。斜射线就是在纤芯包层界面与各自的焦散面之间传输的，如图 2-8 所示。

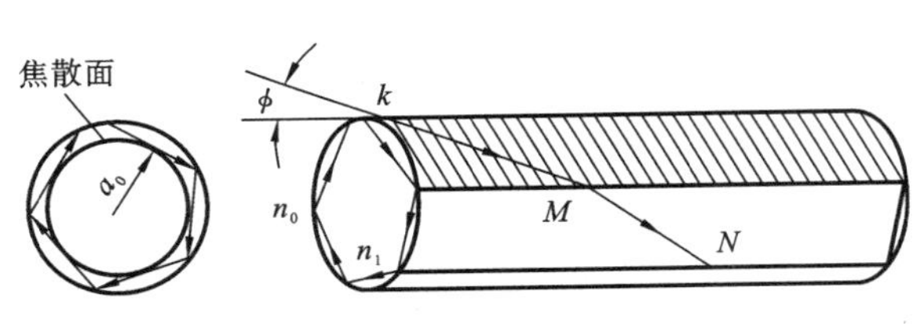

图 2-8 斜射线和聚焦面

② 子午射线

通过光纤纤芯的轴线可以作很多平面，这些平面为子午面。如果光射线在光纤中传播的路径始终在一个子午面内，就称为子午射线，简称子午线，如图 2-9 所示。

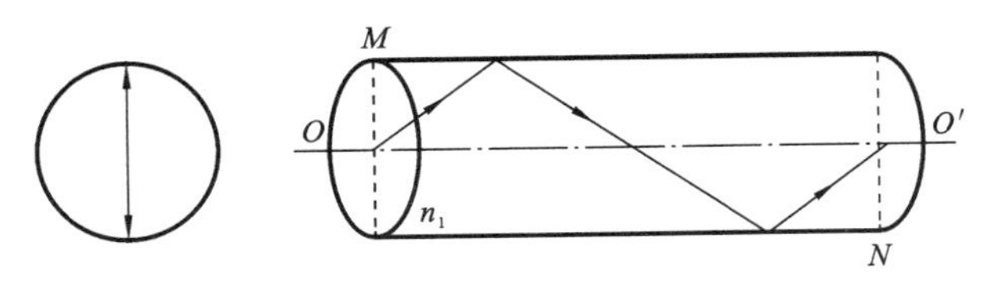

图 2-9 子午线和子午面

什么样的子午线才能在纤芯中形成导波呢？

如果纤芯与包层的交界面上入射角 $\theta_1<\theta_c$，则不满足全反射的条件，

会有反射和折射同时发生，此时包层中存在辐射波（泄漏波）。

如果纤芯与包层的交界面上入射角 $\theta_1 \geqslant \theta_c$，则会发生全反射，包层中无传输波，因而能量被束缚在纤芯中，这种波叫做导波。这种情况下，光信号都能被耦合进光纤中，形成导波传输。

由于空气的折射率和光纤的折射率不同，光线射到光纤端面会发生折射。根据折射定律可知，要想保证光线在光纤里全反射地进行传输，则光纤在光纤端面的入射角 θ_i 必须满足 $\sin\theta_i \leqslant \sqrt{n_1^2 - n_2^2}$。

动画 2-3　光在阶跃光纤中的传输

（3）数值孔径

我们把表示光纤捕捉光射线能力的物理量定义为光纤的数值孔径（NA）。数值孔径 NA 是多模光纤的一个重要特性参数，它表征多模光纤集光能力大小及与光源耦合难易的程度，同时对连接损耗、微弯损耗、温度特性和传输带宽等因素都有影响。

我们将满足全反射条件的入射角 θ_i 的最大值定义为光纤的数值孔径（NA）。由于 n_1 与 n_2 差别较小，所以 $\sin\theta_{imax} \approx \theta_{imax}$，则有

$$NA = \theta_{imax} \approx \sin\theta_{imax} = \sqrt{n_1^2 - n_2^2} = n_1\sqrt{2\Delta} \qquad (2\text{-}4)$$

由此可知，光纤的数值孔径（NA）仅取决于光纤的折射率，而与光纤的几何尺寸无关。

笔记

动画 2-4　光源与光纤的耦合情况

4. 光在渐变光纤中的传输原理

由图 2-3 可知，在光纤轴心处，折射率最大，沿截面径向向外，折射率依次变小。可以设想光纤是由许许多多的同心层构成的，其折射率 n_{11}，n_{12}，n_{13}，…依次减小。这样光在每个相邻层的分界面处，均会产生折射现象，其折射角也会大于入射角（因为 $n_{11} > n_{12} > n_{13}\cdots$），其结果是光线在不断的折射过程中，直至纤芯与包层的分界面处发生全反射，全反射光沿该分界面传播，而反射光则向轴心方向逐层折射，不断重复以上过程，就会得到光在渐变型光纤中的传播轨迹。

动画 2-5　光在渐变光纤中的传输

任务实施

步骤一 学习光纤红光笔的功能介绍，熟悉红光笔的结构和使用方法。

任务指导 2-4 光纤红光笔功能介绍

步骤二 学习使用红光笔快速确认同根光纤两端的操作指导视频微课，掌握其步骤和注意事项。

任务指导 2-5 使用红光笔快速确认同根光纤两端

步骤三 按照使用红光笔快速确认同根光纤两端的操作指导视频微课的示范进行操作实践。

笔记

任务检查与评价

任务完成情况的测评细则参见表 2-2。

表 2-2 项目 2 任务 2 测评细则

一级指标	比例	二级指标	比例	得分
熟悉红光笔	40%	1. 完成红光笔组装	10%	
		2. 熟悉红光笔的结构	10%	
		3. 掌握使用方法	20%	
完成光纤熔接实践	50%	1. 使用红光笔测试光纤跳线的好坏	25%	
		2. 确定光纤跳线故障位置	25%	
职业素养与职业规范	10%	1. 设备操作规范	2%	
		2. 工具、仪器和仪表的使用	3%	
		3. 现场安全、整洁情况	2%	
		4. 团队分工协作情况	3%	

巩固与拓展

1. 巩固自测

通过本任务实施过程中的学习内容，完成题库中的练习。

题库 2-2

2. 任务拓展

使用红光笔检测光纤跳线的好坏，若光纤断裂，判断其断点位置。

任务 2-3 使用 OTDR 测量光纤参数

任务目标

- 了解光纤的特性参数
- 掌握 OTDR 的使用方法
- 掌握 OTDR 测量光纤参数的步骤和注意事项

任务描述

通过理论知识的学习，使用 OTDR 对相关光纤进行测试，完成对光纤特性的学习。

本任务旨在让学习者定性地了解光纤的特性以及光时域反射仪(OTDR)的使用方法。培养其专业认知和素养，以及“执着专注、精益求精、一丝不苟、追求卓越”的工匠精神。

笔记

知识链接

光纤特性是指光纤中光波传输正常与否的性能，主要包括光纤的传输特性、光学特性、几何特性、机械特性和温度特性，常用各种参数表示。这里结合工程实际，重点介绍几个主要特性。

1. 光纤的传输特性

(1) 光纤的损耗特性

损耗是光纤的主要特性之一，它限制了光信号的传播距离。光纤的损耗一般用损耗(衰减)系数 α 表示，指光纤每单位长度上的衰减，单位为 dB/km，其表达式为

$$\alpha=\frac{10}{L}\lg\frac{p_{\mathrm{i}}}{p_{\mathrm{o}}} \tag{2-5}$$

式中：L 为光纤长度，单位为 km；p_{i} 为输入光纤的光功率；p_{o} 为光纤输出的光功率。

损耗(衰减)系数 α 是光纤最重要的特性参数之一，直接影响传输距离和中继站间隔距离的远近，因此，了解并降低光纤的损耗对光纤通信有着重大的现实意义。

光纤损耗的大小与波长有密切的关系。单模光纤中有两个低损耗区域，分别在 1310 nm 和 1550 nm 附近，也就是我们通常说的 1310 nm 窗口和 1550 nm 窗口；1550 nm 窗口又可以分为 C-band(1530～1565 nm)和 L-band(1565～1625 nm)。光纤的总损耗谱如图 2-10 所示。

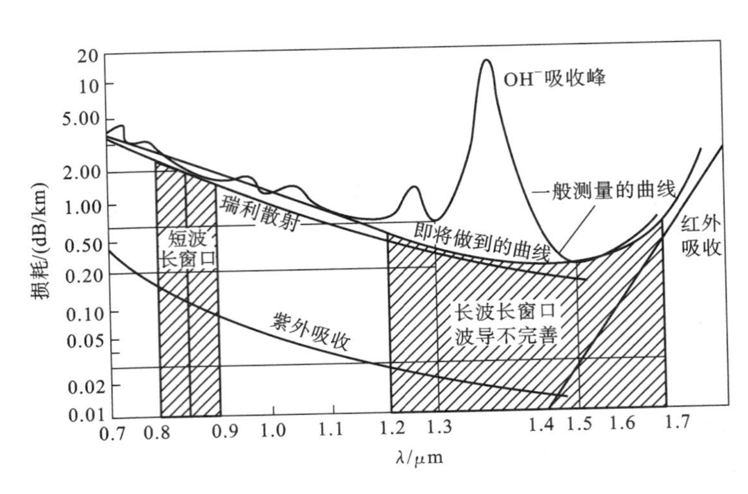

图 2-10 光纤的总损耗谱

引起光纤损耗的原因有很多，产生机理也非常复杂，主要有吸收损耗、散射损耗、弯曲损耗和结构不规则损耗。

① 光纤的吸收损耗

笔记

吸收损耗是光纤材料和杂质对光能的吸收而引起的，它们把光能以热能的形式消耗于光纤中，是光纤损耗中重要的损耗。吸收损耗主要包括物质本征吸收损耗、不纯物的吸收损耗以及原子缺陷吸收损耗。

物质本征吸收损耗有紫外吸收和红外吸收两种。紫外吸收是光纤材料的电子吸收入射光能量跃迁到高能级，引起的入射光能量损耗。这种吸收通常发生在紫外波长区，故通常称为紫外吸收。红外吸收是由于光波与光纤晶格相互作用，一部分光波能量传递给晶格，使其振动加剧，从而引起的损耗。

不纯物的吸收损耗主要是由光纤材料中含有的铁、铜、铬等离子，还有OH^-引起的。金属离子含量越多，造成的损耗就越大，只要严格控制这些金属离子的含量，他们造成的损耗就会迅速下降。他们对短波长的影响很大，对长波长的影响较小。OH^-在光纤工作波段上有三个吸收峰，分别是0.95 μm、1.24 μm和1.38 μm，其中1.38 μm波长的吸收损耗最为严重，对光纤的影响也最大。在1.38 μm波长，含量仅占0.01%的氢氧根产生的吸收峰损耗就高达33 dB/km。如把OH^-离子含量降到十亿分之一以下，在1.38 μm波长上的吸收损耗可以忽略不计，使整个长波长区成为平坦的无吸收损耗区。

原子缺陷吸收损耗是由于在光纤的制造过程中，光纤材料受到某种热激励或光辐射时发生了某个共价键的断裂而产生原子缺陷，此时晶格很容易在光场的作用下产生振动，从而吸收光能，引起损耗，其峰值吸收波长为630 nm左右。

② 光纤的散射损耗

散射损耗是由于光纤材料组分中原子密度的微起伏或光纤波导的结构

缺陷等，使光功率耦合出或泄漏出纤芯外所造成的损耗，主要有线性散射损耗和非线性散射损耗。

线性散射是由于光纤制造时，熔融态玻璃分子的热运动引起其结构内部的密度和折射率起伏而导致的。比光波长小得多的粒子引起的散射称为瑞利散射，与光波同样大小的粒子引起的散射称为米氏散射。引起光纤损耗的散射主要是瑞利散射。

非线性散射有受激布里渊散射和受激拉曼散射。介质在强光功率密度作用下，入射光子与介质分子发生非弹性碰撞时会产生声子，当光是被传播的声学声子所散射时，称为布里渊散射；当光是被分子振动或光学声子所散射时，称为拉曼散射。这两种受激散射都有一个阈值功率，只有超过此值时才会发生。在通常的光通信系统中，输入光纤的光功率一般较低，通常不产生非线性散射。

③ 光纤的弯曲损耗

弯曲损耗是光纤轴弯曲所引起的损耗。任何肉眼可见的光纤轴线对于直线的偏移称为弯曲或宏弯曲。光纤弯曲将引起光纤内各模式间的耦合，当传播模的能量耦合入辐射模或漏泄模时，即产生弯曲损耗。这种损耗随曲率半径的减小按指数规律增大。另一类损耗是光纤轴产生随机的微米级的横向位移状态所造成的，称作微弯损耗。产生微弯的原因是光纤在被覆、成缆、挤护套、安装等过程中，光纤受到过大的不均匀侧压力或纵向应力，或光纤制造后因涂覆层或外套的温度膨胀系数与光纤的不一致等造成的。

④ 光纤的结构不规则损耗

结构不规则损耗是由于纤芯包层界面上存在着微小结构波动和光纤内部波导结构不均匀而引起的那部分损耗。光纤结构不规则时会发生模变换，将部分传输能量射出纤芯外而变成辐射模，使损耗增加。这种损耗可以靠提高制造技术来降低。

（2）光纤的色散特性

光纤色散是指，由于光纤所传输的信号是由不同频率成分和不同模式成分所携带的，不同频率成分和不同模式成分的传输速度不同，从而导致信号发生畸变的现象。在数字光纤通信系统中，色散使光脉冲发生展宽。当色散严重时，会使光脉冲前后相互重叠，造成码间干扰，增加误码率。所以光纤的色散不仅影响光纤的传输容量，也限制了光纤通信系统的中继距离。

动画 2-6　色散引起的脉冲展宽

根据色散产生的原因，光纤的色散主要分为：模式色散、模内色散和偏振模色散。

笔记

① 模式色散

模式色散指多模传输时，光纤各模式在同一波长下，因传输常数的切线分量不同，群速不同所引起的色散。多模光纤中，以不同角度射入光纤的射线在光纤中形成不同的模式。它们到达终端的时间就有差异，模式间的这种时间差或时延差就称为模式色散，或称为模间色散。可见，模间色散是多模光纤所特有的。

动画 2-7　模式色散

② 模内色散

由于光源的不同频率（或波长）成分具有不同的群速度，在传输过程中，不同频率的光束的时间延迟不同而产生色散称为模内色散。模内色散包括材料色散和波导色散，在实际情况下很难将它们完全区分。

材料色散是由于光纤材料的折射率随光波长的变化而变化，使得光信号各频率的群速度不同，引起传输时延差的现象。这种色散取决于光纤材料折射率的波长特性和光源的线谱宽度。在数字光纤通信系统中，实际使用的光源的输出光并不是单一波长，而是具有一定的谱线宽度。当具有一定谱线宽度的光源所发出的光脉冲入射到单模光纤内传输时，不同波长的光脉冲将有不同的传播速度，在到达输出端时将产生时延差，从而使脉冲展宽。

笔记

波导色散是针对光纤中某个导模而言的，在不同的波长下，其相位常数 β 不同，从而群速度不同，引起色散。波导色散还与光纤的结构参数、纤芯与包层的相对折射率差等多方面的原因有关，故也称为结构色散。在一定的波长范围内，波导色散与材料色散相反，它表现为负值。其大小可以和材料色散相比拟，普通单模光纤在 1.31 μm 处这两个值基本相互抵消，如图 2-11 所示。

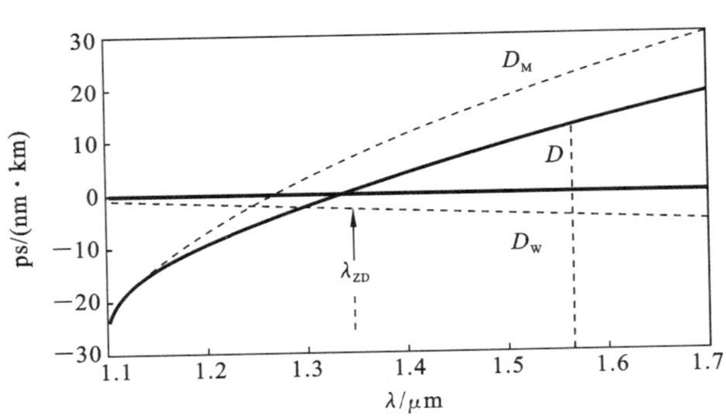

图 2-11　普通单模光纤的膜内色散

③ 偏振膜色散

偏振膜色散指光纤中偏振色散，简称 PMD(polarization modedispersion)，

它是由于实际的光纤中基模含有两个相互垂直的偏振模，它们的传播速度也不尽相同，从而导致光脉冲展宽，引起信号失真。

动画 2-8　偏振膜色散

④ 色散对光纤通信系统的影响

色散将导致码间干扰。由于各波长成分到达的时间先后不一致，因而产生了脉冲展宽。脉冲展宽将使前后光脉冲发生重叠，形成码间干扰，码间干扰将引起误码，限制传输的码速率和传输距离。

动画 2-9　码间干扰

同时，色散限制了光纤的带宽与距离乘积值。色散越大，光纤中的带宽与距离乘积越小，在传输距离一定（距离由光纤衰减确定）时，带宽就越小，带宽的大小决定传输信息容量的大小。

2. 光纤的光学特性

(1) 模场与模场直径

模场是光纤中基模的电场在空间的强度分布。在单模光纤中，只有基模传输，然而这种传输并不完全集中在纤芯中（见图 2-12），而有相当部分的能量在包层中传输，所以不用纤芯的几何尺寸作为单模光纤的特性参数，而是用模场直径作为描述单模光纤中光能集中程度的度量。

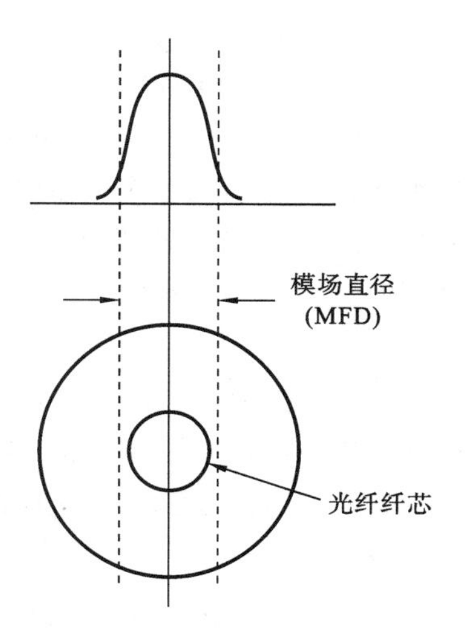

图 2-12　模场直径示意图

笔记

对于模场直径，可以理解为单模光纤的接收端面上基模光斑的直径，实际上基模光斑没有明显的边界，它的特征表现是纤芯区域光强最强，而沿截面径向呈逐渐减弱的形式。

模场直径越小，通过光纤横截面的能量密度就越大。当通过光纤的能量密度过大时，会引起光纤的非线性效应，造成光纤通信系统光信噪比降低，影响系统性能。因此，对于传输光纤而言，模场直径越大越好。

(2) 截止波长

截止波长是单模光纤特有的重要参数，它表示使光纤实现单模传输的最小工作波长，用 λ_c 表示。

截止波长 λ_c 可以用来判断光纤是否是单模光纤，即比较其工作波长 λ 和截止波长 λ_c 的大小，当 $\lambda \geqslant \lambda_c$ 时，该光纤只能传输基模，是单模光纤；当 $\lambda < \lambda_c$ 时，光纤不仅能够传输基模，还能传输其他高阶模。可见，波长不小于截止波长是保证单模光纤实现基模传输的必要条件。

截止波长条件可以保证在最短光缆长度上单模传输，并且可以抑制高阶模的产生，或可以将高阶模噪声功率，减小到完全可以忽略的程度。

与截止波长对应的是截止频率，从截止频率的角度来看，光纤实现单模传输的条件是光纤的归一化频率（V）小于归一化截止频率（$V_c \approx 2.405$）。

3. 光纤的几何特性

（1）芯直径

芯直径主要是对多模光纤的要求。阶跃型光纤的芯、包层界限明显；而渐变型光纤从包层折射率转变到纤芯的最大折射率是逐渐发生的，芯、包层界限不明显。ITU-T 规定纤芯折射率与外边均匀包层的折射率之差达到后者的一定比例的区域称为纤芯，多模光纤的芯直径为（50/62.5±3）μm。

笔记

（2）包层直径

包层直径指光纤的外径（系石英玻璃光纤），ITU-T 规定，多模及单模光纤的包层直径均要求为（125±3）μm。对包层直径的不良控制，有可能导致光纤在熔接机或连接器内的位置偏高或偏低，不良的包层直径影响着机械接续。目前，光纤生产制造商已将光纤外径规格从（125.0±3）μm 提高到（125.0±1）μm。

（3）纤芯/包层同心度

纤芯/包层同心度是指纤芯在光纤内所处的中心程度，不良的纤芯/包层同心度，在各类接续设备与连接器内部会引起接续困难和定位不良。目前，光纤制造商已将纤芯/包层同心度从≤0.8 μm 的规格提高到≤0.5 μm 的规格。

ITU-T 规定，纤芯/包层同心度误差≤6%（单模为<1.0 μm）。

（4）不圆度

不圆度包括芯径的不圆度和包层的不圆度。光纤的不圆度严重时会影响连接时的对准效果，增大接头损耗。

ITU-T 规定，芯径不圆度≤6%，包层不圆度（包括单模）<2%。

需要注意的是，光学特性和几何特性会影响光纤的接续质量，施工对它们不产生变化。而传输特性却恰恰相反，它不影响施工，但施工对传输特性将产生直接的影响。

任务实施

步骤一 学习 OTDR 介绍的指导视频微课，熟悉 OTDR 的结构和使用方法。

任务指导 2-6　OTDR 介绍

步骤二　学习 OTDR 测量光纤特性参数的操作指导视频微课，掌握 OTDR 的使用方法、步骤和注意事项。

任务指导 2-7　使用 OTDR 测量光纤特性参数操作

步骤三　按照使用 OTDR 测量光纤特性参数操作指导视频微课的示范，进行 OTDR 测量光纤特性参数的操作实践。

任务检查与评价

任务完成情况的测评细则参见表 2-3。

笔记

表 2-3　项目 2 任务 3 测评细则

一级指标	比例	二级指标	比例	得分
熟悉 OTDR	40%	1. 熟悉 OTDR 的结构	10%	
		2. 熟悉 OTDR 的测试功能	10%	
		3. 掌握 OTDR 的使用方法	20%	
完成 OTDR 测试光纤特性参数的实践	50%	1. 设置 OTDR 测试模式和测试参数	25%	
		2. 使用 OTDR 测试光纤的特性参数	25%	
职业素养与职业规范	10%	1. 设备操作规范	2%	
		2. 工具、仪器和仪表的使用	3%	
		3. 现场安全、整洁情况	2%	
		4. 团队分工协作情况	3%	

巩固与拓展

1. 巩固自测

通过本任务实施过程中的学习内容，完成题库中的练习。

题库 2-3

2. 任务拓展

使用光功率计测试光源输出光功率。

任务指导 2-8 使用光功率计测试光源输出光功率

任务 2-4 识别光缆的型号

任务目标

- 认识光缆的结构与分类
- 掌握光缆型号的识别方法

笔记

任务描述

通过理论知识的学习，配合光缆实物的展示，完成对光缆结构与分类的学习。

在学习者对光缆结构及分类有了一定认识的基础上掌握识别光缆型号的方法，为学习者在今后从事光缆生产、光缆施工维护、光缆线路铺设与光缆线路设计工作奠定坚实的理论基础。

本任务旨在让学习者了解光通信工程建设中常用的光缆结构与类型，并能够正确识别光缆型号及特征。培养其专业认知和素养。

知识链接

光缆是一定数量的光纤按照一定方式组成缆芯，外包有护套，有的还包覆外护层，用以实现光信号传输的一种通信线路。即由光纤经过一定的工艺而形成的线缆。

光缆是当今信息社会各种信息网的主要传输工具。如果把“互联网”称为“信息高速公路”的话，那么，光缆网就是信息高速路的基石，光缆网是互联网的物理路由。

1. 光缆的结构

典型的光缆结构一般由缆芯、护层和加强芯这三个部分构成，如图 2-13 所示。

(1) 缆芯

光缆构造的主体，由光纤的芯数决定，可分为单芯型和多芯型两种。

(2) 加强构件

用于增强光缆拉抗力的组件。材料一般为钢丝或非金属纤维。通常位于缆芯中心，有时候也配置在护层中，主要承受敷设安装时所加的外力，用来保护光纤。

(3) 护层

通常是内护套→铠装层→外护层三层结构，用于防水防潮、抗拉、抗压、抗弯等。材料为聚乙烯或聚氯乙烯(PE或PVC)、聚氨酯聚酰胺，以及铝钢等金属。位置为由内到外的一层或多层圆筒状护套。铠装层一般为钢丝钢带，位于外护层内，主要是防止外力损坏光缆。

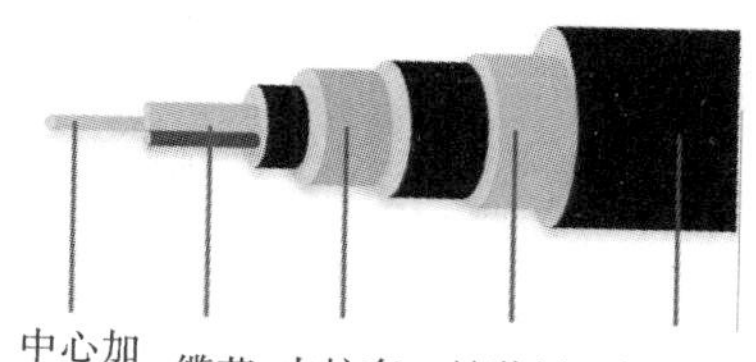

图 2-13 光缆结构示意图

除此之外，缆芯和护层之间还会有用于防潮防水的填充材料。填充材料一般为防潮油膏。

2. 光缆的分类

光缆的种类很多，其分类的方法就更多，下面介绍一些常用的分类方法。

(1) 按传输性能、距离和用途分

光缆可分为市话光缆、长途光缆、海底光缆和用户光缆。

(2) 按光纤的种类分

光缆可分为多模光缆、单模光缆。

(3) 按光纤套塑方法分

光缆可分为紧套光缆、松套光缆、束管式光缆和带状多芯单元光缆。

(4) 按光纤芯数多少分

光缆可分为单芯光缆、双芯光缆、四芯光缆、六芯光缆、八芯光缆、十二芯光缆和二十四芯光缆等。

(5) 按加强件配置方法分

光缆可分为中心加强构件光缆(如层绞式光缆、骨架式光缆等)、分散加强构件光缆(如束管两侧加强光缆和扁平光缆)、护层加强构件光缆(如束管钢丝铠装光缆)和PE外护层加一定数量的细钢丝的PE细钢丝综合外护层光缆。

(6) 按敷设方式分

光缆可分为管道光缆、直埋光缆、架空光缆和水底光缆。

(7) 按护层材料性质分

光缆可分为聚乙烯护层普通光缆、聚氯乙烯护层阻燃光缆和尼龙防蚁防鼠光缆。

(8) 按传输导体、介质状况分

光缆可分为无金属光缆、普通光缆和综合光缆。

(9) 按结构方式分

光缆可分为扁平结构光缆、层绞式结构光缆、骨架式结构光缆、铠装结构光缆(包括单、双层铠装)和高密度用户光缆等。

总体而言，目前通信用光缆可分为以下几种：

笔记

① 室(野)外光缆——用于室外直埋、管道、槽道、隧道、架空及水下敷设的光缆。

② 软光缆——具有优良的曲挠性能的可移动光缆。

③ 室(局)内光缆——适用于室内布放的光缆。

④ 设备内光缆——用于设备内布放的光缆。

⑤ 海底光缆——用于跨海洋敷设的光缆。

⑥ 特种光缆——除上述几类之外,作特殊用途的光缆。

3. 几种典型结构的光缆介绍

通信光缆的结构是由其传输用途、运行环境、敷设方式等诸多因素决定的。这里给大家介绍几种典型结构的光缆。

(1) 层绞式结构光缆

层绞式结构光缆是由多根二次被覆光纤松套管(或部分填充绳)绕中心金属加强件绞合成圆形的缆芯,缆芯外先纵包复合铝带并挤上聚乙烯内护套,再纵包阻水带和双面覆膜皱纹钢(铝)带再加上一层聚乙烯外护层组成,如图 2-14 所示。

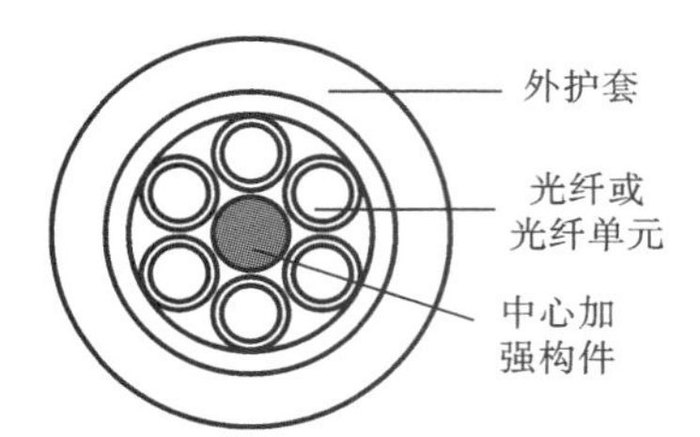

图 2-14 层绞式结构光缆

层绞式结构光缆类似于传统的电缆结构,因此又称为古典光缆。此类光缆可收容的光纤数量一般是 6～12 芯,也有 24 芯。随着光纤数量需求增多,出现了单元式绞合,即套管内的光纤不是 1 根光纤芯,而是多根光纤芯,此方案也扩展了层绞式光缆可容纳的光纤数量。

笔记

层绞式结构光缆可容纳较多数量的光纤,光纤余长比较容易控制,光缆的机械和环境性能好,适用于直埋、管道敷设,也可用于架空敷设。但是其光缆结构比较复杂、生产工艺烦琐、材料消耗较多。

(2) 骨架式结构光缆

骨架式结构光缆用塑料骨架的槽来收容光纤。骨架槽的横截面可能是 V 形、U 形等形状,纵向是螺旋形或正弦形。一个骨架槽可放置 5～10 根经涂覆的光纤,如图 2-15 所示。

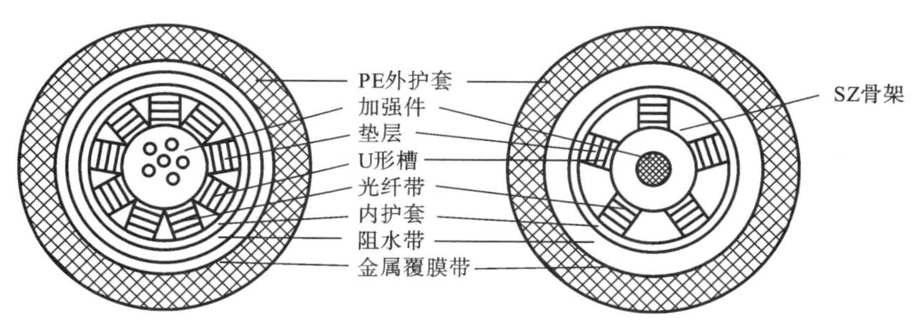

图 2-15 骨架式结构光缆

骨架结构对光纤有良好的保护性能、侧压强度好,对施工尤其是管道布放有利。它可以将一次涂覆光纤直接放置于内架槽内,省去松套管的二次被覆过程。它可用 n 根光纤基本骨架组成不同性能和光纤数量的光缆。此方案不需要特殊设备，对原有电缆制造设备进行适当改进就能满足要求。但是其制造设备复杂(需要专用的骨架生产线)、工艺环节多、生产技术难度大。

(3) 束管式结构光缆

束管式结构光缆是把一次涂覆光纤或光纤束放入大套管中，加强芯配置在套管周围而构成的，如图 2-16 所示。

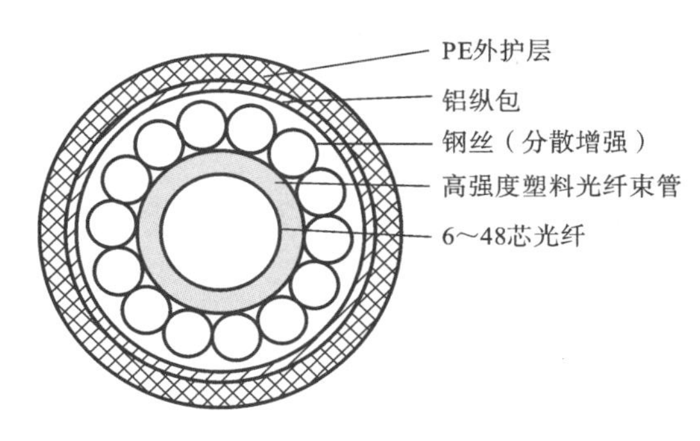

图 2-16 束管式结构光缆

笔记

此类光缆结构简单、制造工艺便捷，对光纤的保护优于其他结构的光缆，耐侧压，可提高网络传输的稳定性，光缆截面积小，质量轻，特别适宜架空铺设，也可用于管道或直埋敷设。束管中光纤数量灵活，但是缆中光纤芯数不宜过多，光缆中光纤余长不易控制。

(4) 带状结构光缆

带状式光缆以光缆内收容的光纤为带状光纤单元而得名。带状光纤单元是以几层带状光纤叠放组成的矩形光纤组合，如图 2-17 和图 2-18 所示。

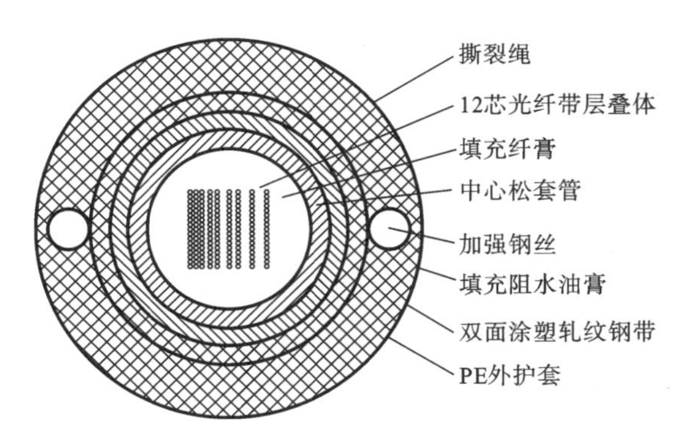

图 2-17 中心束管式带状光缆

将带状光纤单元放入大套管中，就是束管式带状光缆；放入骨架槽内，就是骨架式带状光缆；放入光纤套管内以绞合方式绕着中心加强构件放置，就是层绞式带状光缆。

带状式光缆带体积小，可提高光缆中光纤的密度，容纳更多的光纤芯

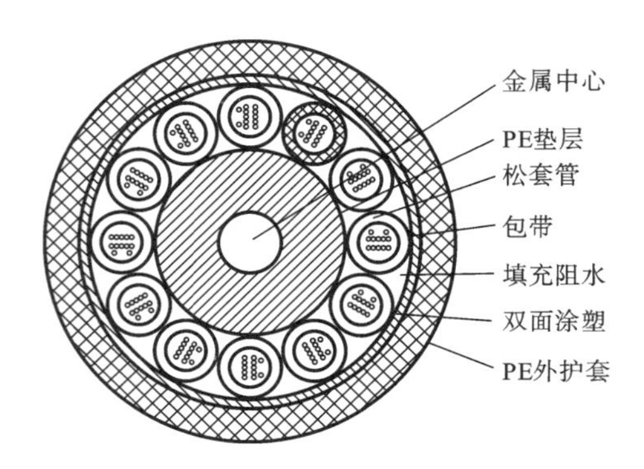

图 2-18 层绞式带状光缆

数，如 320～3456 芯。带状光缆还可以以单元光纤为单位进行一次熔接，以适应大量光纤接续、安装的需要。带状光缆适用于当前发展迅速的光纤接入网。

任务实施

笔记

步骤一 学习光缆型式代号和规格代号的含义。

光缆的外观会印刷上英文加数字的符号标注光缆类型。

在我国，光缆的型号命名由中华人民共和国通信行业标准《光缆型号命名方法》（YD/T 908—2020）规范，光缆型号由型式、规格和特殊性能标识三大部分组成，其中特殊性能标识可缺省，如图 2-19 所示。型式代号和规格代号之间应空一个格，规格代号和特殊性能标识代号之间应用“－”连接。

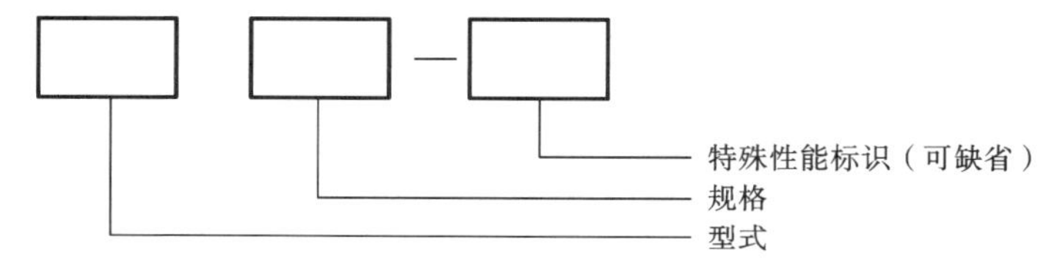

图 2-19 光缆型号组成

1. 光缆的型式代号

光缆的型式由 5 个部分组成，各部分均用代号表示，如图 2-20 所示。其中，结构特征指缆芯结构和光缆派生结构特征。

（1）分类代号说明

光缆按适用场合分为室外、室内和室内外等几大类，每大类下面还细分成小类。当现有分类代号不能满足新型光缆命名需要时，应在相应位置增加新字符以方便表达。加入的新字符应符合下列规定。

① 应优先使用大写拼音字母。

② 使用的字符应与下面相应的同大类内列出的字符不重复。

③ 应尽可能采用与新分类名称相关的词汇的拼音或英文的首字母。

室外型光缆分类代号参见表 2-4。

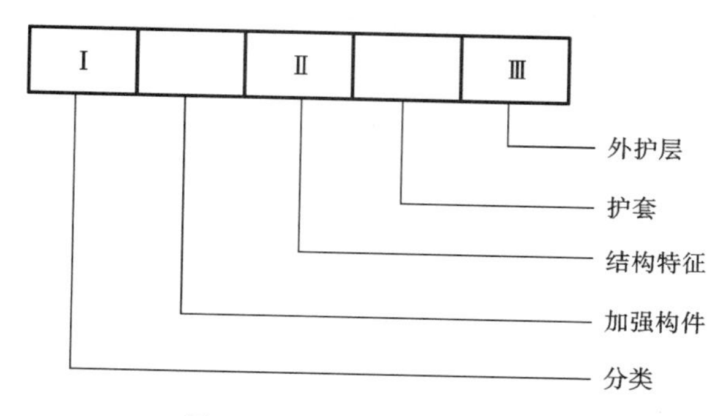

图 2-20 光缆形式代号组成

表 2-4 室外型光缆分类代号说明

代号	含义
GY	通信用室(野)外光缆
GYC	通信用气吹微型室外光缆
GYL	通信用室外路面微槽敷设光缆
GYP	通信用室外防鼠啮排水管道光缆
GYQ	通信用轻型室外光缆

笔记

室内型光缆分类代号参见表 2-5。

表 2-5 室内型光缆分类代号说明

代号	含义
GJ	通信用室(局)内光缆
GJA	通信用终端组件用室内光缆
GJC	通信用气吹微型室内光缆
GJB	通信用室内分支光缆
GJP	通信用室内配线光缆
GJI	通信用室内设备互联用光缆
GJH	隐形光缆
GJR	通信用室内圆形引入光缆
GJX	通信用室内蝶形引入光缆

室内外型光缆分类代号参见表 2-6。

表 2-6 室内外型光缆分类代号说明

代号	含义
GJY	通信用室内外光缆
GJYR	通信用室内外圆形引入光缆
GJYX	通信用室内外蝶形引入光缆
GJYQ	通信用轻型室内外光缆

其他类型光缆分类代号参见表 2-7。

表 2-7 其他类型光缆分类代号说明

代号	含义
GH	通信用海底光缆
GM	通信用移动光缆
GS	通信用设备光缆
GT	通信用特殊光缆
GD	通信用光电混合缆
GDJ	通信用室内光电混合缆

(2) 加强构件代号说明

加强构件指护套以内或嵌入护套中用于光缆抗拉力的构件,包括缆芯内加强件、缆芯外加强件、护套内嵌加强件等。当遇到以下代号不能准确表达光缆的加强构件特征时,应增加新字符以方便表达。新字符应符合下列规定。

① 应优先使用一个大写拼音字母。

② 使用的字符应与下面列出的字符不重复。

③ 应尽可能采用与新构件特征相关的词汇的拼音或英文的首字母。

加强构件代号参见表 2-8。

笔记

表 2-8 加强构件代号说明

代号	含义
无符号	金属加强构件
F	非金属加强构件
N	无加强构件

(3) 缆芯和光缆的派生结构特征代号说明

光缆结构特征应表示出缆芯的主要结构类型和光缆的派生结构。当光缆型式有几个结构特征需要表明时,可用组合代号表示,其组合代号按下列相应的各代号自上而下的顺序排列。当遇到以下代号不能准确表达光缆的缆心结构和派生结构特征时,应在相应位置增加新字符以表达。加入的新字符应符合下列规定。

① 应优先使用一个大写拼音字母或阿拉伯数字。

② 使用的字符应与下面列出的字符不重复。

③ 应尽可能采用与新结构特征相关的训汇的拼音或英文的首字母。

光纤组织方式代号参见表 2-9。

表 2-9 光纤组织方式代号说明

代号	含义
无符号	分立式
D	光纤带式
S	固化光纤束式

二次被覆结构代号参见表2-10。

表2-10 二次被覆结构代号说明

代号	含义
无符号	塑料松套被覆结构
M	金属松套被覆结构
E	无被覆结构
J	紧套被覆结构

缆芯结构代号参见表2-11。

表2-11 缆芯结构代号说明

代号	含义
无符号	层绞式结构
G	骨架式结构
R	状式结构
X	中心管式结构

阻水结构特征代号参见表2-12。

表2-12 阻水结构特征代号说明

代号	含义
无符号	全干式
HT	半干式
T	填充式

缆芯外护套内加强层代号参见表2-13。

表2-13 缆芯外护套内加强层代号说明

代号	含义
无符号	无加强层
0	强调无加强层
1	钢管
2	绕包钢带
3	单层圆钢丝
33	双层圆钢丝
4	不锈钢带
5	镀铬钢带
6	非金属丝
7	非金属带
8	非金属杆
88	双层非金属杆

笔记

承载结构代号参见表 2-14。

表 2-14 承载结构代号说明

代号	含义
无符号	非自承式结构
C	自承式结构

吊线材料代号参见表 2-15。

表 2-15 承载结构代号说明

代号	含义
无符号	金属加强吊线或无吊线
F	非金属加吊线

截面形状代号参见表 2-16。

表 2-16 截面形状代号说明

代号	含义
无符号	圆形
8	“8”字形
B	扁平型
E	椭圆形

笔记

对于在分类代号中已体刚戳而形跳的，如 G、GIX、GINR、GIYX 等。本条规定的代号不适用。

(4) 护套代号说明

护套的代号应表示出护套的结构和材料特征，当护套有几个特征需要表明时，可用组合代号表示，其组合代号按下列相应的各代号自上而下的顺序排列。当遇到下列代号不能准确表达光缆的护套特征时，应增加新字符以方便表达。增加的新字符应符合下列规定。

① 应优先使用一个大写拼音字母。

② 使用的字符应与下面列出的字符不重复。

③ 应尽可能采用与新护套特征相关词汇的拼音或英文的首字母。

护套阻燃特性代号参见表 2-17。

表 2-17 护套阻燃特性代号说明

代号	含义
无符号	非阻燃材料护套
Z	阻燃材料护套

V、U 和 H 护套具有肌燃特性，省略 Z。

护套结构代号参见表 2-18。

表 2-18 护套结构代号说明

代号	含义
无符号	单一材质的护套
A	铝-塑料粘接护套
S	钢-塑料粘接护套
W	夹带平行加强件的钢-塑料粘接护套
P	夹带平行加强件的塑料护套
K	螺旋钢管-塑料护套

护套材料代号参见表 2-19。

表 2-19 护套结构代号说明

代号	含义
无符号	当与护套结构代号组合时，表示聚乙烯护套
Y	聚乙烯护套
V	聚氯乙烯护套
H	低烟无卤护套
U	聚氨酯护套
N	尼龙护套
L	铝护套
G	钢护套

笔记

(5) 外护层代号说明

当有外护层时，它可包括垫层、铠装层和外被层，其代号用两组数字表示(垫层不需表示)，第一组表示铠装层，它应是一位或两位数字；第二组表示外被层，它应是一位或两位数字。当存在两层及以上的外护层时，每层外护层代号之间用"＋"连接。当遇到下列数字不能准确表达光缆的外护层特征时，应增加新的数字以方便表达。增加的新数字应符合下列规定。

① 表示铠装层或外被层时应使用一位或两位数字；

② 使用的数字应与下面列出的数字不重复。

外护层代号参见表 2-20。

表 2-20 外护层代号说明

铠装层(方式)		外披层	
代号	含义	代号	含义
0 或无符号	无铠装层	0 或无符号	无外被层
1	钢管	1	纤维外披
2	绕包钢带	2	聚氯乙烯套
3	单层圆钢丝	3	聚乙烯套
33	双层圆钢丝	4	聚乙烯套加覆尼龙套
4	不锈钢带	5	尼龙套
5	镀铬钢带	6	阻燃聚乙烯套

续表

铠装层(方式)		外披层	
代号	含义	代号	含义
6	非金属丝	7	尼龙套加覆聚乙烯套
7	非金属带	8	低烟无卤阻燃聚烯烃套
8	非金属杆	9	聚氨酯套
88	双层非金属杆	—	—

2. 光缆的规格代号

光缆型号的规格由光纤数目、光纤类别和附加金属导线规格组成,附加金属导线规格需与之间用“+”隔开。通信线和馈电线可以全部或部分缺省。

(1) 光纤数目代号说明

光纤数目代号用光缆中同类别光纤的实际有效数目的数字表示。

(2) 光纤类别代号说明

光纤类别应采用光纤产品的分类代号表示。具体的光纤类别代号应符合 GB/T—12357 以及 GB/T—9771 中的规定。多模光纤见表 2-21,单模光纤见表 2-22。

笔记

表 2-21　多模光纤分类代号

分类代号	特性	纤芯直径/μm	包层直径/μm	纤芯及包层材料
A1a. 1	渐变折射率	50	125	二氧化硅
A1a. 2	渐变折射率	50	125	二氧化硅
A1a. 3	渐变折射率	50	125	二氧化硅
A1b	渐变折射率	62.5	125	二氧化硅
A1d	渐变折射率	100	140	二氧化硅
A2a	突变折射率	100	140	二氧化硅
A2b	突变折射率	200	240	二氧化硅
A2c	突变折射率	200	280	二氧化硅
A3a	突变折射率	200	300	二氧化硅芯塑料包层
A3b	突变折射率	200	380	二氧化硅芯塑料包层
A3c	突变折射率	200	230	二氧化硅芯塑料包层
A4a	突变折射率	965～985	1000	塑料
A4b	突变折射率	715～735	750	塑料
A4c	突变折射率	465～485	500	塑料
A4d	突变折射率	965～985	1000	塑料
A4e	渐变或多阶折射率	≥500	750	塑料
A4f	渐变折射率	200	490	塑料
A4g	渐变折射率	120	490	塑料
A4h	渐变折射率	62.5	245	塑料

注:A1a. 1、A1a. 2 和 A1a. 3 的区别在于 850 nm 波长的满注入条件下最小模式带宽不同。

表 2-22 单模光纤分类代号

分类代号	名称	ITU 分类代号
B1.1	非色散位移光纤	G.652.B
B1.2a	截止波长位移光纤	G.654.A
B1.2b		G.654.B
B1.2c		G.654.C
B1.2d		G.654.D
B1.2e		G.654.E
B1.3	波长段扩展的非色散位移光纤	G.652.D
B2a	色散位移光纤	G.653.A
B2b		G.653.B
B4c	非零色散位移光纤	G.655.C
B4d		G.655.D
B4e		G.655.E
B5	宽波长段光传输用非零色散光纤	G.656
B6.a1	接入网用弯曲损耗不敏感光纤	G.657.A1
B6.a2		G.657.A2
B6.b2		G.657.B2
B6.b3		G.657.B3

笔记

(3) 复合型光缆代号说明

复合型光缆代号说明详见中华人民共和国通信行业标准《光缆型号命名方法》(YD/T 908—2020)规范，在此不再赘述。

步骤二 学习光缆型号及识别的具体案例。

案例1：金属加强构件、松套层绞填充式、铝-阻燃聚乙烯粘接护套、纵包镀铬带铠装、阻燃聚乙烯护套通信用室外光电混合缆，包含12根B1.3类单模光纤、2对标称直径为0.4 mm的通信线和4根标称截面积为1.5 mm^2 的馈电线。

其光缆型号为GDTZA56 12B1.3+2×2×0.4+4×1.5。

案例2：非金属加强构件、光纤带骨架全干式、聚乙烯护套、非金属丝铠装、聚乙烯套通信用室外光缆，包含144根B1.3类单模光纤。

其光缆型号为GYFDGY63 144B1.3。

案例3：金属加强构件、松套层绞填充式、铝-聚乙烯粘接护套通信用室外光缆，包含12根B1.3类单模光纤和6根B4类单模光纤。

其光缆型号为GYTA 12B1.3+6B4。

步骤三 以实验室光缆实物为例，根据其外观标注的型号，分析其结构和类型及特点。

任务检查与评价

任务完成情况的测评细则参见表 2-23。

表 2-23 项目 2 任务 4 测评细则

一级指标	比例	二级指标	比例	得分
掌握光缆形式代号和规格代号的含义	40%	1. 了解光缆结构	5%	
		2. 了解光缆分类	5%	
		3. 掌握光缆形式代号的含义	15%	
		4. 掌握光缆规格代号的含义	15%	
正确识别光缆型号	50%	1. 能够通过光缆结构特征写出光缆型号	25%	
		2. 能够通过光缆型号分析出光缆的结构特征和分类	25%	
职业素养与职业规范	10%	1. 了解不同型号光缆的适用场合	5%	
		2. 了解不同型号光缆施工维护时的注意事项	5%	

笔记

巩固与拓展

1. 巩固自测

通过本任务实施过程中的学习内容，完成题库中的练习。

题库 2-4

2. 任务拓展

认识海底光缆。

动画 2-10 海底光缆的敷设过程

任务 2-5　识别光缆的端别及光纤线序

任务目标

- 了解光缆内光纤色谱的含义
- 掌握光缆的端别及光纤线序的识别方法

任务描述

通过理论知识的学习，配合实际案例的分析，完成对光缆的端别及光纤线序识别的学习，为今后从事光缆工程进行接续、测量和维护工作奠定坚实的理论基础。

本任务旨在让学习者认识光缆的端别，并能够正确识别光纤纤序。培养其专业认知和素养。

知识链接

笔记

在我们深入探讨如何识别光缆的端别及光纤线序之前，让我们先从光纤的诞生说起。光纤技术，作为现代通信领域的核心，依赖于精密而复杂的制作工艺，从精选原料开始，经过熔炼、拉丝、涂覆到最终的测试，每一步都是科技创新与精湛工艺的结晶。了解光纤的制造不仅能让我们赞叹于技术的进步，更能深化对光纤通信原理及其在现代生活中应用的理解。对光纤的生产过程有一个全面而深入的了解，将为后续学习光缆端别识别及光纤线序的知识打下坚实的基础。

动画 2-11　光缆的制作过程

任务实施

步骤一　学习光缆的端别及光纤线序的识别方法。

要正确地对光缆工程进行接续、测量和维护工作，必须首先掌握判别光缆的端别和缆内光纤纤序的方法，这是提高施工效率、方便日后维护所必需的。

1. 光缆端别的识别方法

光缆中光纤单元、单元内光纤、导电线组(对)及组(对)内的绝缘芯线，采用全色谱或领示色谱来识别光缆的端别与光纤序号。全色谱或领示色谱由厂家规定。

一般识别方法是面对光缆的截面，由领示光纤以红或蓝(起始色)到绿或黄(终止色)顺时针为 A 端,逆时针为 B 端,如图 2-21 所示。

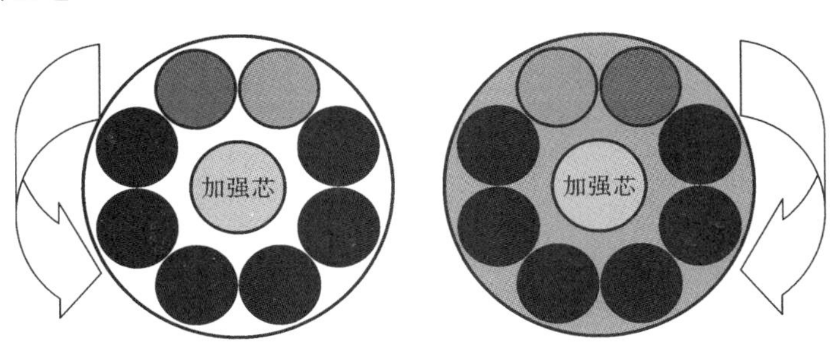

图 2-21 领示色谱识别光缆端别

或者以光缆色谱(蓝、橙、绿、棕、灰、白……)顺时针为 A 端,逆时针为 B 端,如图 2-22 所示。

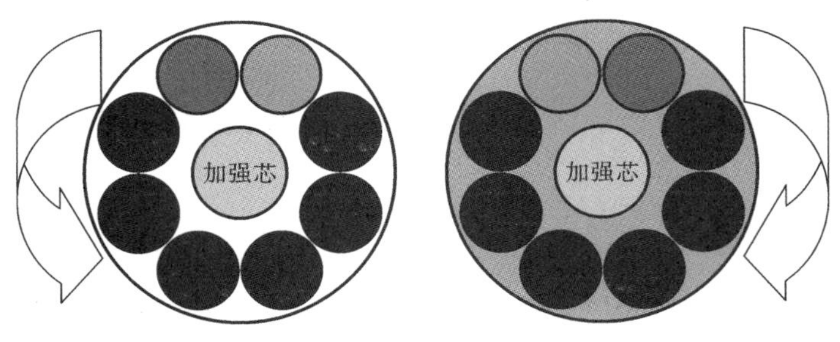

图 2-22 全色谱识别光缆端别

笔记

除此之外,光缆的端别还可通过光缆外护套上标明光缆长度的数码来区分,数字小的为 A 端,数字大的为 B 端。

当在施工设计中有明确规定的情况时,应按设计中的规定来区别光缆端别。

2. 光纤纤序的识别方法

一般来说,按照端别和光纤涂覆层的颜色可以将光纤的纤芯顺序区分清楚。单模和多模光纤色谱排列是一样的。

(1) 以红、绿领示色中间填充白色套管的光缆

正对光缆横截面,其红色为 1 号管,顺时针数为 2 号,3 号,4 号,…,最后一根是绿套管,如图 2-23 所示。

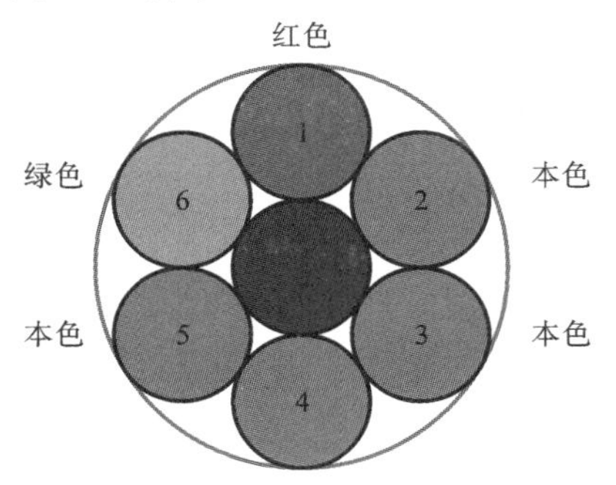

图 2-23 领示色管序排列

以红、绿为领示色的6管双芯松套光缆的纤序，红色为1管，绿为6管，红，绿顺时针计数。其纤序对应见表2-24。

表2-24 红、绿为领示色的6管双芯松套光缆的纤序

管序	1		2		3		4		5		6	
管色	红		白(本色)		白		白		白		绿	
纤序	1	2	3	4	5	6	7	8	9	10	11	12
颜色	红/黑	白	红/黑	白	红/黑	白	红/黑	白	红/黑	白	红/黑	白

(2) 以蓝、黄领示的6芯单元松套光缆

蓝色为一单元(组)，黄色为二单元组，单元管内6芯光纤全色谱，其纤序对应见表2-25。

表2-25 蓝、黄领示的6芯单元松套光缆的纤序

单元	一(蓝)						二(黄)					
纤序	1	2	3	4	5	6	7	8	9	10	11	12
颜色	蓝	橙	绿	棕	灰	白	蓝	橙	绿	棕	灰	白

笔记

(3) 全色谱光缆

纤芯的颜色按全色谱排列，带状光纤芯数一般为4、6、8、12芯。光纤带内光纤色谱纤序对应见表2-26。

表2-26 蓝、黄领示的12芯单元松套光缆的纤序

序号	1	2	3	4	5	6	7	8	9	10	11	12
颜色	蓝	橙	绿	棕	灰	白	红	黑	黄	紫	粉红	天蓝

步骤二 学习光缆型号及识别的具体案例。

案例1：已知图2-24为室内光纤带光缆结构示意图，其中从左到右的12根光纤的颜色为蓝、橙、绿、棕、灰、白、红、黑、黄、紫、粉红、天蓝，试排定12根光纤的纤序。

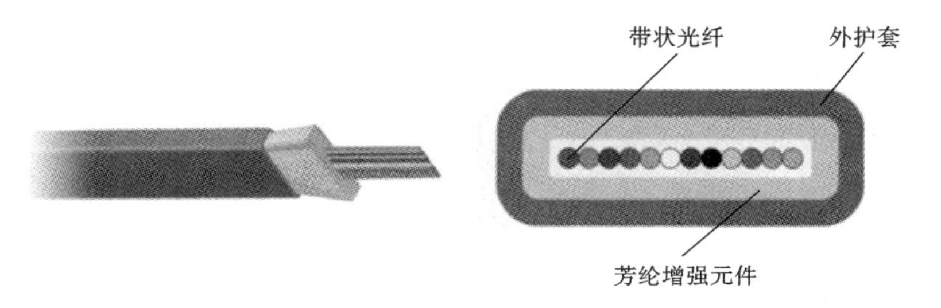

图2-24 室内光纤带光缆结构示意图

蓝色光纤为1号纤，橙色光纤为2号纤，以此类推绿、棕、灰、白、红、黑、黄、紫、粉红、天蓝色光纤分别对应为3～12号纤。

案例 2：已知图 2-25 为某钢带纵向层绞式光缆的截面图，图中每根松套管中 6 根光纤的颜色为蓝、橙、绿、棕、灰、白，试判断其端别并排定 30 根光纤的纤序。

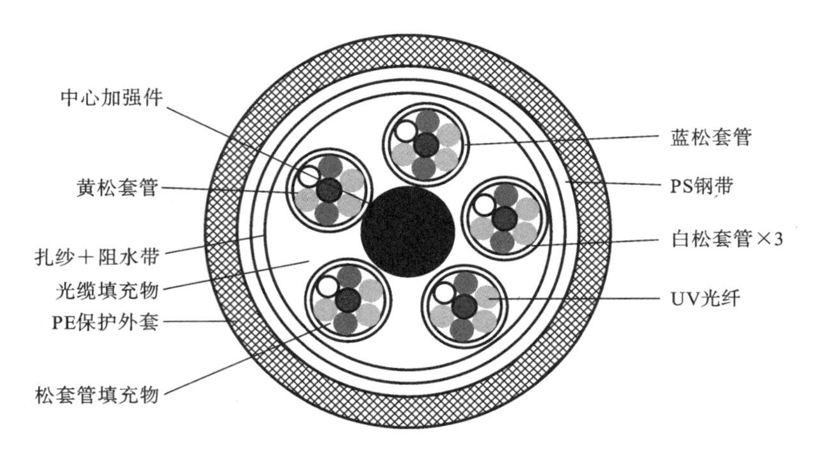

图 2-25　钢带纵向层绞式光缆的截面图

笔记

（1）判断端别：因领示色管由蓝至黄是顺时针，故为光缆的 A 端。

（2）排定纤序：蓝色套管中的蓝、橙、绿、棕、灰、白 6 纤对应 1～6 号纤；紧靠蓝松套管的白松套管中的蓝、橙、绿、棕、灰、白对应 7～12 号纤，以此类推，直至黄松套管中的白色光纤为第 30 号光纤。

步骤三　以实验室光缆实物为例，识别其端别及纤序。

任务检查与评价

任务完成情况的测评细则参见表 2-27。

表 2-27　项目 2 任务 5 测评细则

一级指标	比例	二级指标	比例	得分
正确识别光缆端别	45%	1. 能够通过光缆外观标识识别光缆端别	20%	
		2. 能够通过光缆端面识别光缆端面	25%	
正确识别光缆线序	45%	1. 了解光纤色谱含义	20%	
		2. 能够通过光纤色谱判断光纤线序	25%	
职业素养与职业规范	10%	1. 识别光缆端别和纤序的同时能够分析出光缆的种类	5%	
		2. 能够说出填充绳、加强芯等光缆结构的作用	5%	

巩固与拓展

1. 巩固自测

通过本任务实施过程中的学习内容,完成题库中的练习。

题库 2-5

2. 任务拓展

皮线光缆的冷接。

任务指导 2-9 皮线光缆冷接操作

笔记

项目 3

认识光纤通信器件

光通信器件是光通信的关键部件，对光通信的发展起到重要作用，其发展水平直接影响到整个光纤通信系统设备的技术水平和市场竞争力。

光纤通信器件分为有源器件和无源器件，其中有源器件包括激光器及组件，光纤放大器、光电检测器等；无源器件可分为连接器、衰减器、耦合器、隔离器、光开关等。

光纤通信技术是否能持续发展，很大程度取决于器件水平。可以说光纤通信进步的基础在于光纤通信器件。

笔记

任务 3-1　测试半导体激光器的 *P-I* 特性

任务目标

- 了解半导体激光器工作的物理基础
- 掌握半导体激光器工作原理及其工作特性
- 掌握半导体激光器 *P-I* 特性的测试方法

任务描述

通过知识链接的学习，配合半导体激光器工作原理动画的展示，完成对半导体激光器工作原理及其工作特性的学习。

在学习者对半导体激光器工作原理及其工作特性有了一定认识的基础上，配合使用仿真实验平台测试半导体激光器 *P-I* 特性操作微课的指导教学，让学习者掌握半导体激光器 *P-I* 特性的测试方法，让其能够独立完成半导体激光器 *P-I* 特性测试的实践操作。

本任务旨在让学习者了解光纤通信工程建设中常用半导体激光器的工作原理及其工作特性，掌握半导体激光器 *P-I* 特性的测试方法，培养其专业认知和职业素养。

知识链接

1. 激光器的物理基础

(1) 光子的概念

光是具有波粒二象性的。在传播特性方面，表现出波动性，如反射、偏振等现象；在与物质相互作用时，又表现出粒子性，如黑体辐射、光电效应中表现出的粒子所具有的动量和能量性质。在光量子学说中，光是由能量为 hf 的光量子组成的，其中 $h=6.628\times10^{-34}$ J·s，称为普朗克常数，f 是光波频率，人们将这些光量子称为光子。

（2）原子能级

物质是由原子组成的，而原子是由原子核和核外电子构成的。原子有不同稳定状态的能级。

最低的能级 E_1 称为基态，能量比基态大的所有其他能级 $E_i(i=2,3,4,\cdots)$ 都称为激发态，如图 3-1 所示。

图 3-1　原子能级

当电子从较高能级 E_2 跃迁至较低能级 E_1 时，其能级间的能量差为 ΔE 并以光子的形式释放出来，这个能量差与辐射光的频率 f_{12} 之间有以下关系：

$$\Delta E=E_2-E_1=hf_{12} \qquad (3\text{-}1)$$

式中：h 为普朗克常数；f_{12} 为吸收或辐射的光子频率。

当处于低能级 E_1 的电子受到一个光子能量 $\Delta E=hf_{12}$ 的光照射时，该能量被吸收，使原子中的电子激发到较高的能级 E_2 上去。

光纤通信用的发光元件和光检测元件的功能就是利用这两种现象实现的。

（3）光与物质的作用

原子、分子或离子辐射光和吸收光的过程，是与原子能级之间的跃迁联系在一起的。光与物质（原子、分子等）的相互作用有三种不同的基本过程，即受激吸收、自发辐射及受激辐射。对一个包含大量原子的系统，这三种过程总是同时存在紧密联系的，不同情况下，各个过程所占比例不同。

① 受激吸收

在正常状态下，电子通常处于低能级（即基态）E_1，在入射光的作用下，电子吸收光子的能量后跃迁到高能级（即激发态）E_2，产生光电流，这种跃迁称为受激吸收。半导体光检测器就是基于受激吸收工作的光电器件。

动画 3-1　受激吸收

② 自发辐射

处于高能级 E_2 上的电子是不稳定的，即使没有外界的作用，也会自发地跃迁到低能级 E_1 上与空穴复合，释放的能量转换为光子辐射出去，这种跃迁称为自发辐射。发光二极管就是基于自发辐射的光电器件。

笔记

动画 3-2 自发辐射

③ 受激辐射

在高能级 E_2 上的电子，受到能量为 hf_{12} 的外来光子激发时，被迫跃迁到低能级 E_1 上与空穴复合，同时释放出一个与激光发光同频率、同相位、同方向的光子(称为全同光子)。由于这个过程是在外来光子的激发下产生的，所以这种跃迁称为受激辐射。激光器就是基于受激辐射的光电器件。

动画 3-3 受激辐射

(4) 粒子数反转分布与光放大

笔记

受激辐射是产生激光的关键。

设低能级上的粒子密度为 N_1，高能级上的粒子密度为 N_2，在正常状态下，$N_1>N_2$，总是受激吸收大于受激辐射。即在热平衡条件下，物质不可能有光的放大作用。

要想物质产生光的放大，就必须使受激辐射大于受激吸收，即让 $N_2>N_1$(高能级上的电子数多于低能级上的电子数)，这种粒子数的反常态分布称为粒子(电子)数反转分布。

粒子数反转分布状态是使物质产生光放大而发光的首要条件。

2. 激光器的工作原理

(1) 产生激光的必要条件

① 必须有产生激光的工作物质(激活物质)。

② 必须有能够使工作物质处于粒子数反转分布状态的激励源(泵浦源)。

③ 必须有能够完成频率选择及反馈作用的光学谐振腔。

(2) 激光器的基本结构

① 工作物质

要使受激辐射过程成为主导过程，必要条件是让介质处于粒子数反转分布的状态，即让介质激活。有各种各样的物质，在一定的外界激励条件下，都有可能成为激活介质，因而可能产生光及光放大。这种物质称为工作物质，而处于粒子数反转分布状态的工作物质，称为激活物质或增益物质，它是产生激光的必要条件。

② 泵浦源

要使工作物质成为激活介质，需要有外界的激励。激励方法有光激励、电激励和化学激励等，而每种激励都需要有外加的激励源，即泵浦源。

它的作用就是使介质中处于基态能级的粒子不断地被提升到较高的一些激发态能级上，实现粒子数反转分布（$N_2>N_1$）。光纤通信使用的半导体激光器一般使用电激励。

③ 谐振腔

在激活物质两端的适当位置，放置两个反射系数分别为 r_1 和 r_2 的平行反射镜 M_1 和 M_2，就构成最简单的光学谐振腔。

如果反射镜是平面镜，则称为平面腔；如果反射镜是球面镜，则称为球面腔，如图 3-2 所示。对于两个反射镜，要求其中一个能全反射，另一个为部分反射。

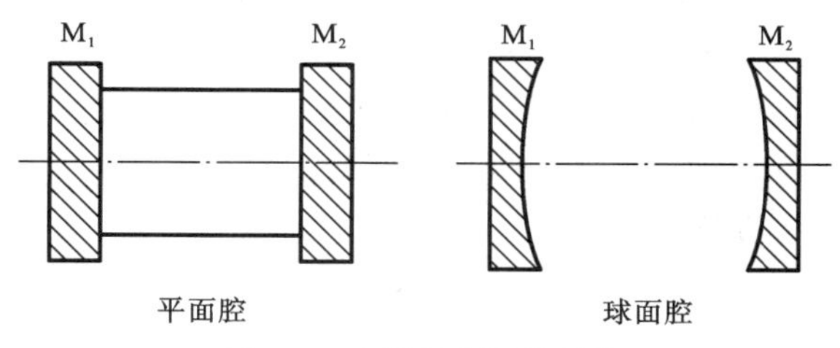

图 3-2 光学谐振腔的结构

笔记

（3）激光器的工作过程

当工作物质在泵浦源的作用下，已实现粒子数反转分布，即可产生自发辐射。如果自发辐射的方向不与光学谐振腔轴线平行，就被反射出谐振腔。只有与谐振腔轴线平行的自发辐射才能存在，继续前进。

动画 3-4 光方向的选择

当它遇到一个高能级上的粒子时，将使之感应产生受激跃迁，在从高能级跃迁到低能级的过程中放出一个全同的光子，为受激辐射。

当受激辐射光在谐振腔内来回反射一次，相位的改变量正好是 2π 的整数倍时，则向同一方向传播的若干受激辐射光相互加强，产生谐振。达到一定强度后，就从部分反射镜 M_2 透射出来，形成一束笔直的激光。

当达到平衡时，受激辐射光在谐振腔中每往返一次由放大所得的能量，恰好抵消所消耗的能量，激光器即保持稳定地输出。

动画 3-5 激光器的工作原理

（4）激光器的振荡条件

激活介质的粒子数反转分布状态是产生光辐射增益的必要条件。但要使激光器输出稳定的激光,必须使光波在谐振腔内往返传播一次的总增益大于总损耗。如此,则需要满足激光器的振荡条件。

① 光学谐振腔的谐振条件与谐振频率

设谐振腔的长度为 L,则谐振腔的谐振条件为

$$\lambda=\frac{2nl}{q} \tag{3-2}$$

或

$$f=\frac{c}{\lambda}=\frac{cq}{2nl} \tag{3-3}$$

式中:c 为光在真空中的速度;λ 为激光波长;n 为激活物质的折射率;L 为光学谐振腔的腔长;$q=1,2,3,\cdots$,称为纵模模数。

谐振腔只对满足式(3-2)的光波波长或式(3-3)的光波频率提供正反馈,使之在腔中互相加强产生谐振形成激光。

② 起振的阈值条件

激光器能产生激光振荡的最低限度称为激光器的阈值条件。如以 G_{th} 表示阈值增益系数,则起振的阈值条件是

$$G_{\text{th}}=\alpha+\frac{1}{2L}\ln\frac{1}{r_1 r_2} \tag{3-4}$$

笔记

式中:α 为光学谐振腔内激活物质的损耗系数;L 为光学谐振腔的腔长;r_1、r_2 为光学谐振腔两个反射镜的反射系数。从式(3-4)可以看出,当激光谐振腔的腔长越长(激活物质长度越长)或损耗越低,则越容易起振。

3. 半导体激光器

用半导体材料作为工作物质的激光器,称为半导体激光器(LD)。半导体激光器输出激光的必要条件与一般激光器的相同,即粒子数的反转分布,同时还要满足谐振条件和阈值条件。与一般激光器不同的是,半导体激光器的能级跃迁发生在导带中的电子和价带中的空穴之间。

(1) 半导体激光器的工作原理

常用的半导体激光器有 F-P 腔(法布里-铂罗腔)激光器和分布反馈型(DFB)激光器。

① InGaAsP 双异质结条形激光器

如图 3-3 所示,(N)InGaAsP 是发光的作用区,其上、下两层称为限制层,它们和作用区构成光学谐振腔。限制层和作用层之间形成异质结。最下面一层 N 型 InP 是衬底,顶层(P^+)InGaAsP 是接触层,其作用是改善和金属电极的接触。

用半导体材料做成的激光器,当激光器的 PN 结上外加的正向偏压足够大时,将使得 PN 结的结区出现了高能级粒子多、低能级粒子少的分布状态,这即是粒子数反转分布状态,这种状态将出现受激辐射大于受激吸收的情况,可产生光的放大作用。

被放大的光在由 PN 结构成的 F-P 光学谐振腔(谐振腔的两个反射镜是由半导体材料的天然解理面形成的)中来回反射,不断增强,当满足阈值条件后,即可发出激光。

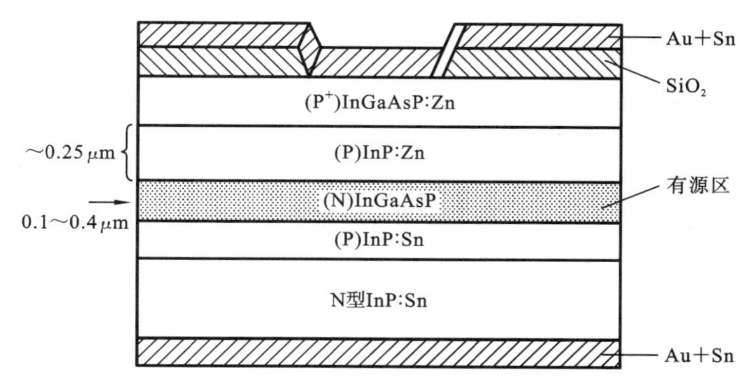

图 3-3　InGaAsP 双异质结条形激光器的基本结构

② 分布反馈半导体激光器(DFB-LD)

DFB-LD 是一种可以产生动态控制的单纵模激光器(称为动态单纵模激光器),即在高速调制下仍然能单纵模工作的半导体激光器。它是在异质结激光器具有光放大作用的有源层附近,刻有波纹状的周期光栅而构成的,如图 3-4 所示。其激光振荡不是由反射镜提供,而是由波纹光栅提供的,具有单纵模振荡、波长稳定性好等特点,在高速数字光纤通信系统和有线电视光纤传输系统中应用广泛。

笔记

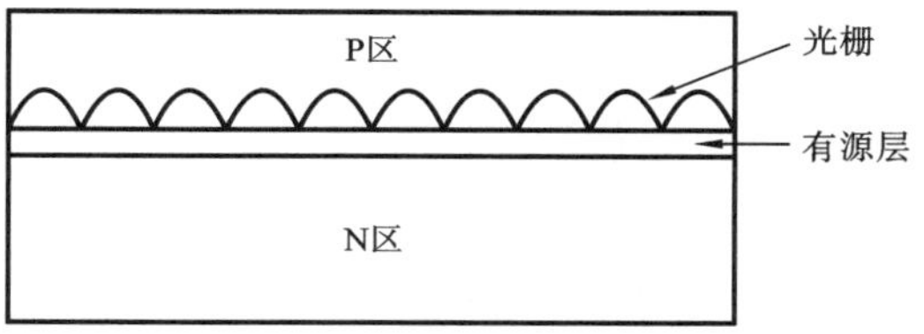

图 3-4　DFB-LD 激光器的基本结构

③ 量子阱半导体激光器(QW-LD)

量子阱半导体激光器与一般双异质激光器类似,是由两种不同成分的半导体材料在一个维度上以薄层的形式交替排列构成的,从而将窄带隙的很薄的有源层夹在宽带隙的半导体材料之间,形成势能阱,如图 3-5 所示。

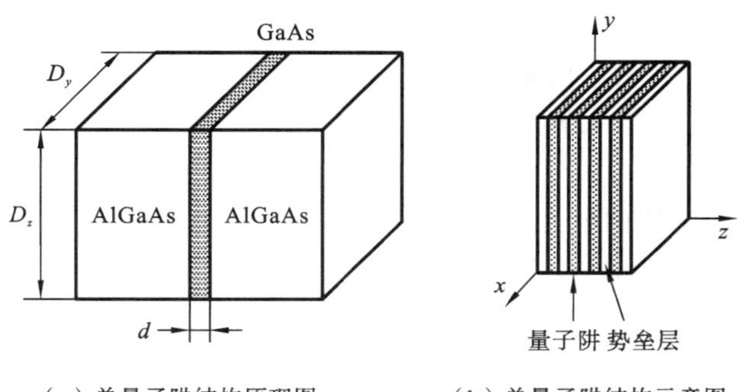

(a) 单量子阱结构原理图　　(b) 单量子阱结构示意图

图 3-5　量子阱半导体激光器的基本结构

量子阱半导体激光器具有有源层很薄(1～10 nm)、阈值电流很低(可达0.55 mA)、输出功率高、谱线宽度窄等特点。

(2) 半导体激光器的工作特性

① 发射波长

半导体激光器的发射波长取决于导带的电子跃迁到价带时所释放出的能量,这个能量近似等于禁带宽度 E_g(eV),由式(3-1)得

$$hf=E_g(\mathrm{eV}) \tag{3-5}$$

式中:$f=\frac{c}{\lambda}$,f(Hz)和 λ(μm)分别为发射光的频率和波长,$c=3\times10^8$ m/s;$h=6.628\times10^{-34}$ J·s,1 eV$=1.60\times10^{-19}$ J 为电子伏特,代入式(3-6)得

$$\lambda=\frac{1.24}{E_g(\mathrm{eV})}\ \mu\mathrm{m} \tag{3-6}$$

由于能隙与半导体材料的成分及其含量有关,因此根据这个原理可以制成不同发射波长的激光器。

② 阈值特性(P-I 特性)

对于 LD,当外加正向电流达到某一数值时,输出光功率急剧增加,这时将产生激光振荡,这个电流称为阈值电流,用 I_{th} 表示,如图 3-6 所示。阈值电流越小越好。

笔记

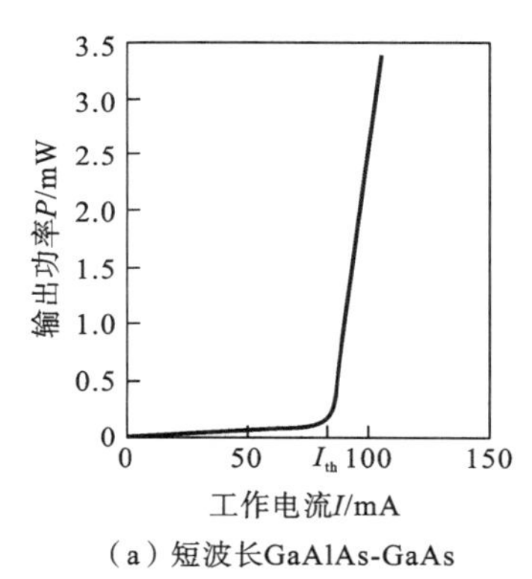

(a) 短波长GaAlAs-GaAs

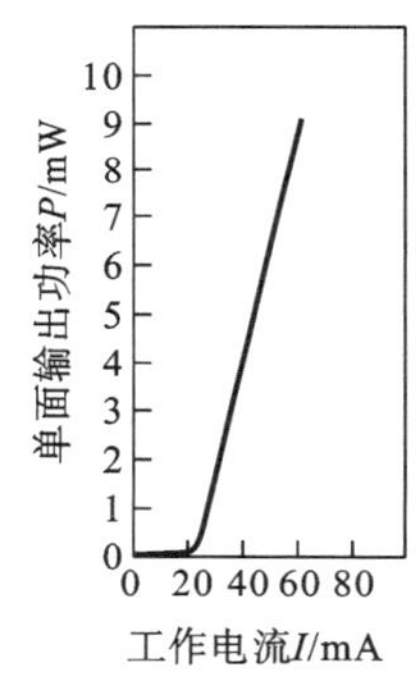

(b) 长波长InGaAsP-InP

图 3-6 典型半导体激光器的输出特性曲线

③ 光谱特性

LD 的光谱随着激励电流的变化而变化。当 $I<I_{th}$ 时,发出的是荧光,光谱很宽,如图 3-7(a)所示。当 $I>I_{th}$ 后,发射光谱突然变窄,谱线中心强度急剧增加,表明发出激光,如图 3-7(b)所示。

④ 转换效率

半导体激光器的电光功率转换效率常用微分量子效率 η_d 表示,其定义为激光器达到阈值后,输出光子数的增量与注入电子数的增量之比,其表达式为

$$\eta_d=\frac{\dfrac{(P-P_{th})}{hf}}{\dfrac{(I-I_{th})}{e}}=\frac{P-P_{th}}{I-I_{th}}\cdot\frac{e}{hf} \tag{3-7}$$

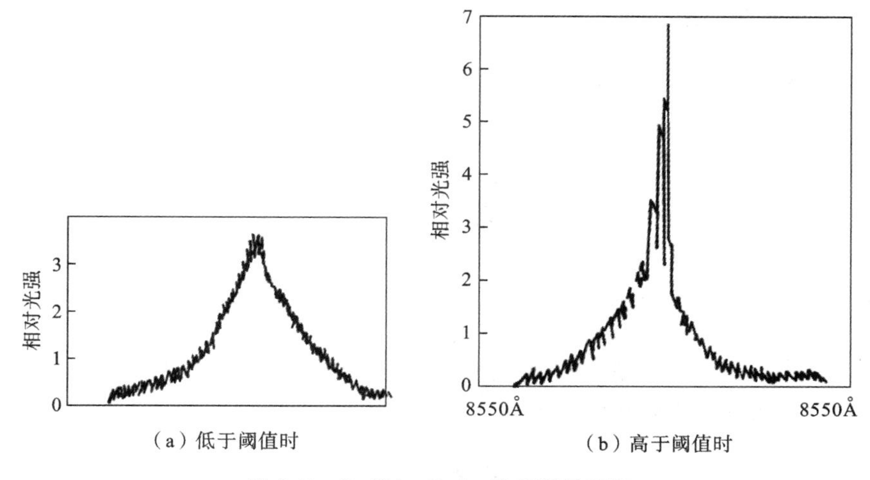

(a) 低于阈值时 (b) 高于阈值时

图 3-7 GaAlAs-GaAs **激光器的光谱**

由式(3-7)可得激光器的输出光功率 P 为

$$P=P_{th}+\frac{\eta_d hf}{e}(I-I_{th}) \tag{3-8}$$

式中:P 为激光器的输出光功率;I 为激光器的输出驱动电流,P_{th} 为激光器的阈值功率;I_{th} 为激光器的阈值电流;hf 为光子能量;e 为电子电荷。

笔记

⑤ 温度特性

激光器的阈值电流和输出光功率随温度变化的特性为温度特性。阈值电流随温度的升高而增大,其变化情况如图 3-8 所示。

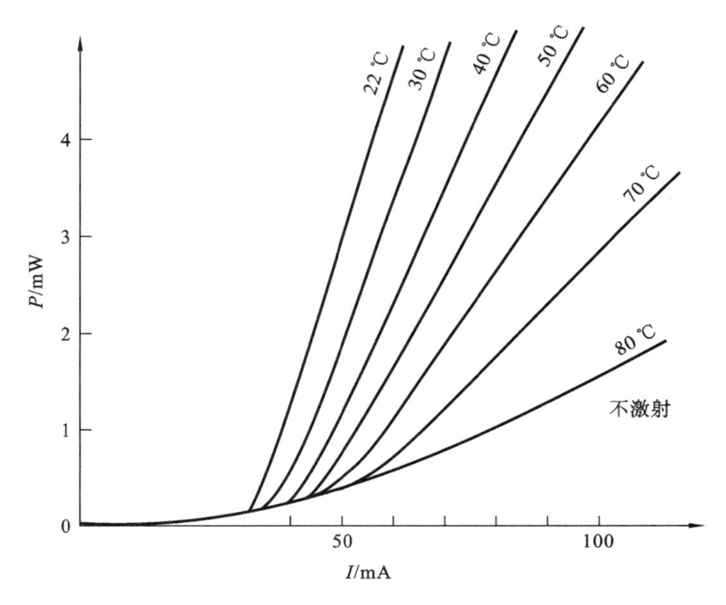

图 3-8 激光器阈值电流随温度变化的曲线

任务实施

步骤一 熟读光源的 *P-I* 特性测试实验指导书，熟悉光源的 *P-I* 特性的测试方法。

任务指导 3-1 光源的 *P-I* 特性测试实验指导书

步骤二 学习光源的 *P-I* 特性测试实验指导视频微课，掌握光源的 *P-I* 特性测试的步骤和注意事项。

任务指导 3-2 光源的 *P-I* 特性测试指导视频微课

笔记

步骤三 按照光源的 *P-I* 特性测试实验指导视频微课的示范，进行光源的 *P-I* 特性测试，并对测试数据进行记录分析。

任务检查与评价

任务完成情况的测评细则参见表 3-1。

表 3-1 项目 3 任务 1 测评细则

一级指标	比例	二级指标	比例	得分
熟悉半导体激光器的工作原理和特性	30%	1. 熟悉半导体激光器的工作原理	10%	
		2. 熟悉半导体激光器的工作特性	10%	
		3. 了解阈值特性（*P-I* 特性）和温度特性之间的关系	10%	
完成光源的 *P-I* 特性测试	60%	1. 掌握仿真实验平台的使用方法	10%	
		2. 掌握光源的 *P-I* 特性的测试方法	20%	
		3. 完成光源的 *P-I* 特性的测试，并对实验数据进行记录和分析	30%	
职业素养与职业规范	10%	1. 计算机使用操作规范	4%	
		2. 实验室安全、整洁情况	3%	
		3. 团队分工协作情况	3%	

巩固与拓展

1. 巩固自测

通过本任务实施过程中知识链接的学习内容,完成题库中的练习。

题库 3-1

2. 任务拓展

学习半导体发光二极管。

任务指导 3-3 半导体发光二极管

笔记

任务 3-2 测试光发送机平均光功率

任务目标

- 掌握光发送机的基本组成及工作原理
- 掌握光发送机的主要性能指标
- 掌握光发送机平均光功率的测试方法

任务描述

光端机包括光发送机和光接收机,是光纤通信系统的基本部件。本任务主要介绍数字光发送机基本组成和主要特性指标。

在学习者对光发送机的组成及工作原理有了一定认识的基础上,本任务配合使用仿真实验平台测试光发送机平均光功率操作微课的指导教学,让学习者掌握光发送机平均光功率的测试方法,使其能够独立完成光发送机平均光功率测试的实践操作。

本任务旨在让学习者了解光发送机的组成及特性参数,掌握光发送机平均光功率的测试方法,培养其专业认知和职业素养,让学习者认识到匠心极致。

知识链接

1. 光发送机的组成

在光纤通信系统中，光发送机的作用是把电端机送来的电信号转变为光信号，并送入光纤线路进行传输，图 3-9 所示的为数字光发送机的基本组成，主要包括输入电路和电/光转换电路两大部分。输入电路有均衡放大、码型变换、复用、扰码和时钟提取电路。电/光转换电路有光源、光源的调制（驱动）电路、光源的控制电路（ATC 和 APC）及光源的检测和保护电路等。

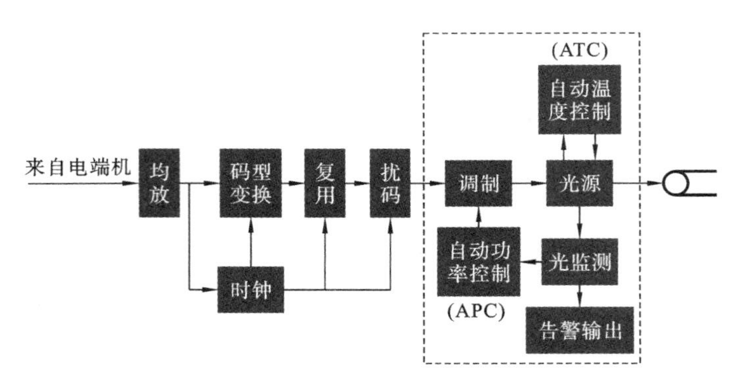

图 3-9 数字光发送机的组成

笔记

（1）均衡放大

有 PCM 端机送来的电信号是 HDB_3 或 CMI 码，首先要进行均衡放大，用以补偿由电缆传输所产生的衰减和畸变，保证电、光端机间信号的幅度、阻抗适配，以便正确译码。

（2）码型变换

由均衡器输出的仍是 HDB_3 或 CMI 码，前者是双极性归零码（即＋1、0、－1），后者是归零码。这两种码型都不适合在光纤通信系统中传输，因为在光纤通信系统中，是用有光和无光分别对应“1”和“0”码，无法与＋1、0、－1 相对应，需要通过码型变换电路将双极性码转化为单极性码，将归零码转换为不归零码（即 NRZ 码），以适应光发送机的要求。

（3）复用

复用是指利用一个大传输信道同时传送多个低速信号的过程。

（4）扰码

为了保证所提取时钟的频率以及相位与光发射机中的时钟信号一致，必须避免所传信号码流中出现长“0”或长“1”的现象。解决这一问题的方法就是扰码，即在发送端加入一个扰码电路，有规律地破坏长连“0”或长连“1”的码流，从而达到“0”“1”等概率出现，有利于接收端从线路数据码流中提取时钟。

在接收端则要加一个与扰码电路相反的解扰电路，恢复信号码流原来的状态。

(5) 时钟提取

由于码型变换和扰码过程都需要以时钟信号为依据,故均衡放大之后,由时钟提取电路提取PCM中的时钟信号变换电路和扰码电路使用。

(6) 调制(驱动)电路

光源驱动电路又称调制电路,是光发送机的核心。经过扰码后的数字信号通过调制电路对光源进行调制,让光源发出的光信号强度跟随电信号码流的变化而变化,形成相应的光脉冲送入光纤,完成电/光变换任务。

(7) 光源

光源的作用是产生作为光载波的光信号,是实现电/光转换的关键器件。光源在很大程度上决定了数字光发送机的性能。

(8) 自动温度控制电路(ATC)

一般半导体激光器和发光二极管等发光器件都有温度特性,随着温度的变化(包括环境温度的变化和光源本身因工作而发热所引起的温度变化)其输出功率会发生变化。因此,稳定光源都设有自动温度控制电路(ATC),控制发光器件的环境温度在一定温度内。一般常见的ATC电路是利用微型(半导体)制冷器,再用温度传感器(如热敏电阻等)将温度的变化信息传递给控制电路,后者用来控制制冷器的电路,以改变其制冷量,从而保持发光器件周围的温度恒定。

笔记

(9) 自动功率控制电路(APC)

采用自动(光)功率控制电路是直接控制发光器件的输出光功率大小的一种有效措施。发光器件输出光功率的大小与其调制和驱动信号的强度有关。若设法对这些信号加以有目的的控制,就可以从另一方面控制发光器件输出光功率的大小。

(10) 其他保护、监测电路

光发送机除有上述各部分电路之外,还有一些辅助电路,如光源过流保护电路、无光告警电路、LD偏流(寿命)告警等。

光源过流保护电路保护光源不至于因通过大电流而损坏。一般需要采用光源过流保护电路,以防止反向冲击电流过大。

无光告警电路:当光发送机电路出现故障,或输入信号中断,或激光器失效时,都将使激光器“较长时间”不发光,这时无光告警电路将发出告警指示。

LD偏流(寿命)告警:发送机中的LD管随着使用时间的增长,其阈值电流也将逐渐增大。因此,LD管的工作偏流也将通过APC电路的调整而增加,一般认为当偏流大于原始值的3~4倍时,激光器寿命完结。由于这是一个缓慢的过程,所以发出的是延迟维修告警信号。

2. 光源的调制方式

电/光转换是用承载信息的数字电信号对光源进行调制来实现的,对半导体光源的调制有两种方法:一是直接调制,又称为内调制;二是间接调制,又称为外调制。

（1）直接调制

直接调制是通过信息流直接控制激光器的驱动电流，从而实现输出功率的变化来实现调制，也称为强度调制（intensity modulation，IM）。直接调制具有简单方便等优点，但调制速率受到载流子寿命及高速下的性能劣化的限制（如频率啁啾等）。直接调制方法仅适用于半导体光源（LD和LED）。

直接光强度数字调制的原理：通过注入电流来实现光强度调制，如图3-10所示。

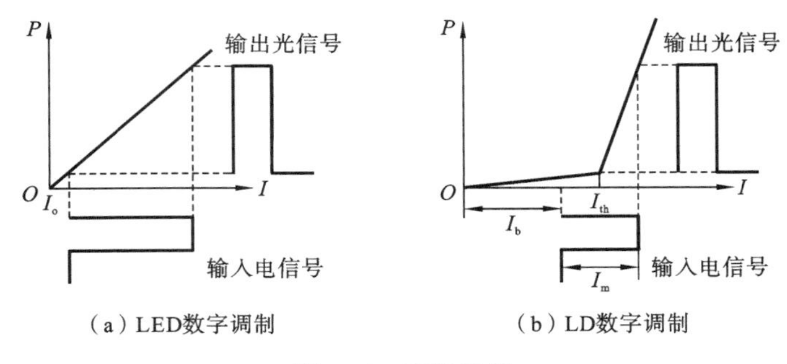

图 3-10 直接调制

笔记

（2）间接调制

间接调制是指激光形成之后，在激光器外的光路上放置光调制器，用调制信号改变光调制器的物理特性，当激光通过调制器时，就会使光波的某参量受到调制的电信号不再是直接加在激光光源上，而是加在光源输出通路外加的外调制器的电极上，从而把来自激光二极管的连续光波转换成为一个随电信号变化的光输出信号，如图3-11所示。

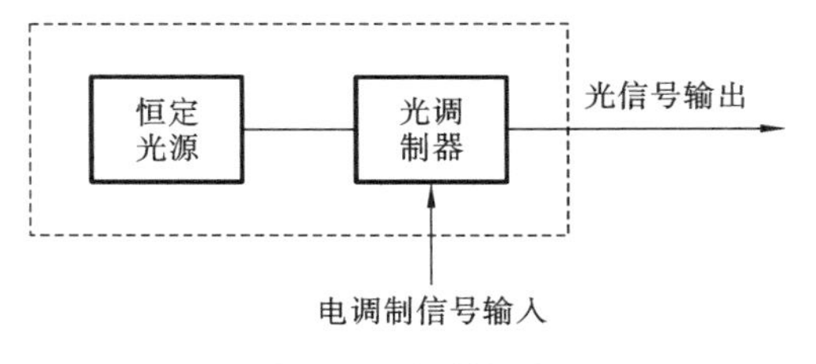

图 3-11 间接调制

直接调制会引入频率啁啾，即光脉冲的载频随时间变化。由于带啁啾的光脉冲在光纤中传输时会加剧色散展宽，所以在高速系统中需要采用外调制技术。此外相干光通信系统也需要采用间接调制。商用化的外调制器一般作为一个单独的器件，或作为一个部件集成到激光器封装中。

3. 光发送机的主要指标

光发送机的主要指标有平均发送光功率、消光比、耦合效率等。

（1）光发送机的平均发送光功率 P_t

光发送机的平均发送光功率 P_t，是在正常条件下，光发送机发送光源尾纤输出的平均光功率。

平均发送光功率应根据整个系统的经济性、稳定性、可维护性及光纤线路的长短等因素全面考虑，并不是越大越好。入纤功率越大，光信号传输的距离越远，但光功率太大，系统传输出现非线性，对通信会产生不良影响。因此，要求输出光功率要合适，一般在 0.01～5 mW。同时，为了系统稳定可靠工作，要求输出光功率保持稳定，在环境温度变化或器件老化过程中，稳定度应为 5%～10%。

(2) 光发送机的消光比 EXT

光发送机的消光比 EXT，是指全“1”码平均发送光功率与全“0”码平均发送光功率之比。其表达式为

$$\mathrm{EXT}=10\lg\frac{P_1}{P_0} \tag{3-9}$$

式中：P_1 指全“1”码平均发送光功率；P_0 指全“0”码平均发送光功率。

消光比直接影响到光接收机的灵敏度，从提高接收机灵敏度的角度自然希望消光比尽可能大，因为这有利于减少功率代价，但消光比也不是越大越好。G.957 规定长距离传输时，消光比一般应大于 10 dB。

(3) 耦合效率

耦合效率用来度量在光源发射的全部光功率中，能耦合进光纤的光功率比例。其表达式为

$$\eta=\frac{P_F}{P_S} \tag{3-10}$$

式中：P_F 为耦合进光纤的功率；P_S 为光源发射的功率。

笔记

任务实施

步骤一 熟读测试光发送机平均光功率实验指导书，熟悉光发送机平均光功率的测试方法。

任务指导 3-4 测试光发送机平均光功率实验指导书

步骤二 学习测试光发送机平均光功率实验指导视频微课，掌握测试光发送机平均光功率的步骤和注意事项。

任务指导 3-5 测试光发送机平均光功率指导视频微课

任务检查与评价

任务完成情况的测评细则参见表 3-2。

表 3-2 项目3任务2测评细则

一级指标	比例	二级指标	比例	得分
熟悉光发送机的组成结构和特性指标	30%	1. 熟悉光发送机的组成结构	15%	
		2. 熟悉光发送机的特性指标	15%	
完成光发送机消光比和平均光功率的测试	60%	1. 掌握仿真实验平台的使用方法	10%	
		2. 掌握光发送机平均光功率的测试方法	20%	
		3. 完成光发送机平均光功率的测试,并对实验数据进行记录和分析	30%	
职业素养与职业规范	10%	1. 计算机使用操作规范	4%	
		2. 实验室安全、整洁情况	3%	
		3. 团队分工协作情况	3%	

巩固与拓展

笔记

1. 巩固自测

通过本任务实施过程中知识链接的学习内容,完成题库中的练习。

题库 3-2

2. 任务拓展

学习光发送机消光比的测试方法。

步骤一 熟读测试光发送机消光比实验指导书,熟悉光发送机消光比的测试方法。

任务指导 3-6 测试光发送机消光比实验指导书

步骤二 学习测试光发送机消光比实验指导视频微课,掌握测试光发送机消光比的步骤和注意事项。

任务指导 3-7 测试光发送机消光比指导视频微课

任务3-3　测量光接收机灵敏度和动态范围

任务目标

- 了解光电检测器的工作原理
- 了解光接收机的基本组成、主要指标
- 掌握光接收机灵敏度的测试原理和方法，能熟练进行测试
- 掌握光接收机动态范围的测试原理和方法，能熟练进行测试

任务描述

本任务通过理论知识的学习，配合半导体材料的光电效应，PIN管、APD工作原理的展示，完成对光电检测器原理的学习。

在学习者对光电检测器有了一定认识的基础上，了解光接收机的基本组成和主要指标。配合光接收机接收灵敏度和动态范围的测试微课的指导教学，让学习者掌握光衰减器的使用方法，使其能够独立完成使用光衰减器等仪器测试光接收机灵敏度和动态范围的操作。

本任务旨在让学习者定性地了解光接收机的工作原理，掌握光衰减器的使用方法并能够独立完成光接收机灵敏度和动态范围测试的实践操作，培养其专业认知和职业素养。

笔记

知识链接

1. 光电检测器

光电检测器是光接收机中的第一个部件，完成光/电信号的转换功能。由于从光纤中传过来的光信号一般都很微弱，因此对光检测器的基本要求是：

① 在系统的工作波长上具有足够高的响应度，即对一定的入射光功率，能够输出尽可能大的光电流。

② 具有足够快的响应速度，能够适用于高速或宽带系统。

③ 具有尽可能低的噪声，以降低器件本身对信号的影响。

④ 具有良好的线性关系，以保证信号在转换过程中不失真。

⑤ 具有较小的体积、较长的工作寿命等。

目前常用的半导体光电检测器有两种，即PIN光电二极管和APD雪崩光电二极管。前者主要应用于短距离、小容量的光纤通信系统中；后者主要应用于长距离、大容量的光纤通信系统中。

(1) 光电检测器的工作原理

光电检测器是由半导体材料PN结组成，利用半导体材料的光电效应实现光电转换的。

动画 3-6 半导体材料的光电效应

(2) PIN 光电二极管

利用光电效应可以制造出简单的 PN 结光电二极管。但是,这种光电二极管在 PN 结中,由于有内建电场的作用,响应速度快。而在耗尽层以外产生的光电子和光空穴,由于没有内建电场的加速作用,运动速度慢,因而响应速度慢,且容易被复合,使光电转换效率低。

PIN 光电二极管是在掺杂浓度很高的 P 型、N 型半导体之间,加一层轻掺杂的 N 型材料,称为 I(Intrinsic,本征的)层。这样,耗尽层加宽,可以提高光电检测器的转换效率和响应速度。

动画 3-7 PIN 管工作原理

笔记

(3) 雪崩光电二极管

在长途光纤通信系统中,仅有毫瓦数量级的光功率从光发射机输出,经过几十千米光纤的传输衰减,到达光接收机的光信号将变得十分微弱。如果采用 PIN 光电二极管,则输出的光电流仅有几纳安。为了使数字光接收机的判决电路正常工作,需要采用放大器。放大器将引入噪声,从而使光接收机的信噪比和灵敏度降低。

如果能使电信号进入放大器之前,先在光电二极管内部进行放大,就引出了另一种类型的光电二极管,即雪崩光电二极管,又称 APD (avalanche photo diode)。它不但具有光/电转换作用,而且具有内部放大作用,其放大作用是靠管子内部的雪崩倍增效应完成的。

动画 3-8 APD 管工作原理

2. 光接收机的基本组成

光接收机的作用是将光纤传输后幅度被衰减、波形产生畸变的、微弱的光信号变换为电信号,并对电信号进行放大、整形、再生,再生成与发送端相同的电信号,输入电接收端机,并且用自动增益控制电路(AGC)保证稳定的输出。

光接收机中的关键器件是半导体光检测器,它和接收机中的前置放大器合称光接收机前端。前端性能是决定光接收机性能的主要因素。

光接收机的主要作用是将经过光纤传输的微弱光信号转换成电信号，并经过放大，再生成原发射的信号。对于强制调制(IM)的数字光信号，在接收端采用直接检测(DD)方式时，光接收机的组成方框图如图 3-12 所示，主要包括光电检测器、前置放大器、主放大器、均衡器、时钟恢复电路、取样判决器以及自动增益控制(AGC)电路等。

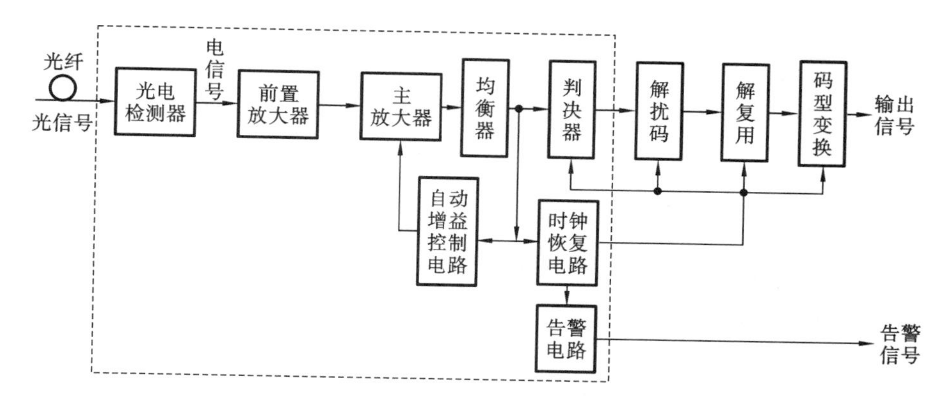

图 3-12　光接收机的组成方框图

笔记

(1) 光电检测器

光电检测器利用光电二极管将发送光端机经光纤传输过来的光信号变换成为电信号送入前置放大器，是接收机实现光/电(O/E)转换的关键器件。由于从光纤中传输过来的光信号一般是非常微弱且产生了畸变的信号，因此，为了有效地将光信号转换为电信号，对光电检测器提出了非常高的要求。目前满足要求、适合于光纤通信系统使用的光电检测器主要有半导体光电二极管、雪崩光电二极管等。

(2) 放大器

光接收机的放大器包括前置放大器和主放大器两部分。

① 前置放大器

前置放大器与光电检测器紧密相连，放大从光电检测器送来的微弱的电信号，是光接收机的关键部分。光接收机的噪声主要取决于前端的噪声性能，因为放大器在放大信号的过程中，放大器本身会引入噪声，且在多级放大器中，后一级放大器会把前一级输出的信号和噪声同样放大，即前一级放大器引入的噪声也被放大了。因此，对前置放大器要求有较低的噪声、较宽的带宽和较高的增益，它的噪声对整个电信号的放大过程影响甚大，直接影响到光接收机的灵敏度。

前置放大器的噪声取决于放大器的类型，目前有三种类型的前置放大器：低阻抗前置放大器、高阻抗前置放大器和跨阻抗前置放大器(或跨导前置放大器)。

低阻抗前置放大器的特点是：接收机不需要或只需很少的均衡就能获得很宽的带宽，前置级的动态范围也较大。但由于放大器的输入阻抗较低，电路的噪声较大。高阻抗前置放大器是指放大器的阻抗很高，其特点是电路的噪声很小。但是放大器的带宽较窄，在高速系统应用时对均衡电路提出了很高的要求，限制了放大器在高速系统中的应用。跨阻抗放大器具有频带宽、噪声低的优点，而且其动态范围比高阻抗前置放大器高出很多，因而在高速率大容量的通信系统中有着广泛应用。

② 主放大器

主放大器一般是多级放大器，它的功能主要是提供足够高的增益，把来自前置放大器的输出信号放大到判决电路所需的信号电平，并通过它实现自动增益控制(AGC)，以使输入光信号在一定范围内变化时，输出电信号可以保持恒定输出。主放大器和 AGC 决定着光接收机的动态范围。

(3) 均衡器

均衡器的作用是对经过光纤线路传输、光/电转换和放大后已产生畸变(失真)和有码间干扰的电信号进行均衡补偿，设法消除拖尾的影响，以消除或减少码间干扰，使输出信号的波形有利于判决、再生电路的工作，减小误码率。

均衡可以在频域或时域采用均衡网络实现。频域方法是采用适当的网络，将输出波形均衡成升余弦频谱的形式，这是在光接收机中最常用的均衡方法。时域方法是先预测出一个"1"码，然后在其他各码元的判决时刻，判决这个"1"码的拖尾值，最后设法用与拖尾值大小相等、极性相反的电压来抵消拖尾，以消除码间干扰。

笔记

(4) 再生电路

再生电路由判决器和时钟恢复电路组成，它的任务是把放大器输出的升余弦波形恢复成数字信号。为了判定信号，首先要确定判决的时刻，这需要从均衡后的升余弦波形中提取准确的时钟信号。时钟信号经适当的相移后，在最佳时刻对升余弦波形进行取样，然后，将取样幅度与判决阈值进行比较，以判定码元是"0"还是"1"，从而把升余弦波形恢复成原传输的数字波形。理想的判决器应该是带有选通输入的比较器。

(5) 自动增益控制

光接收机自动增益控制(AGC)就是用反馈环路来控制主放大器的增益，在采用雪崩管(APD)的接收机中还通过控制雪崩管的高压来控制雪崩管的雪崩增益。当大的光信号功率输入时，则通过反馈环路降低放大器的增益；当小的光信号功率输入时，则通过反馈环路提高放大器的增益，从而使送到判决器的信号稳定，以利于判决。显然，自动增益控制的作用是增加光接收机的动态范围，使光接收机的输出保持恒定。对于采用 PIN 光电检测器的数字光接收机，其自动增益控制只对主放大器起作用。

3. 光接收机的噪声特性

光接收机的输入功率不能无限制降低的主要原因是受到了系统中噪声的限制。因此，为了研究接收机的灵敏度指标，就需要研究光纤通信系统中的噪声，主要是研究从接收机端引入的噪声。

光端机的噪声主要是来自光接收机的内部噪声，包括光电检测器的噪声和光接收机的电路噪声。这些噪声的分布如图3-13所示。光电检测器的噪声包括量子噪声、暗电流噪声、漏电流噪声和APD倍增噪声；电路噪声主要是前置放大器的噪声。因为前置级输入的信号很微弱，其噪声对输出信噪比影响很大，而主放大器输入的是经前置级放大的信号，只要前置级增益足够大，主放大器引入的噪声就可以忽略不计。前置放大器的噪声包括电阻热噪声及晶体管组件内部噪声。

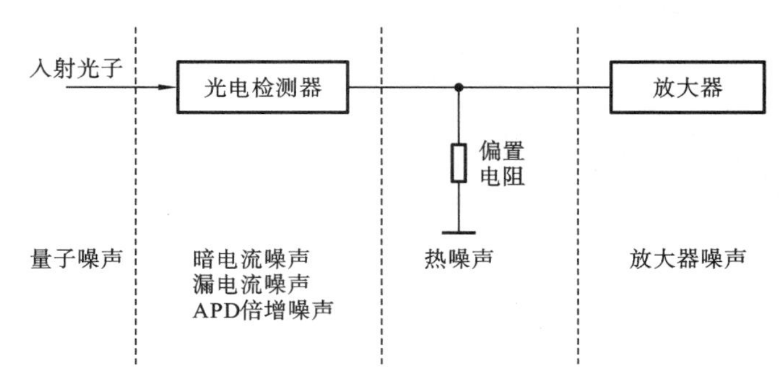

图3-13 光接收机的噪声及其分布

笔记

(1) 量子噪声

当一个光电检测器受到外界光照，其电子受激励而产生的光生载流子是随机的，从而导致输出电流随机起伏，这就是量子噪声。即使在理想的光检测器中，热噪声和暗电流噪声等于零，量子噪声也会伴随着光信号而产生。因此，量子噪声是影响光接收机灵敏度的主要因素之一，这是光电检测器固有的噪声。

(2) 暗电流噪声

暗电流是指无光照射时光电检测器中产生的电流。由于激励起暗电流的条件(如热激励、放射线等)是随机的，因而激励出的暗电流是浮动的，这就产生了噪声，称为暗电流噪声。严格地说，暗电流还应包括器件表面的漏电流。由漏电流产生的噪声为漏电流噪声。

(3) 雪崩管倍增噪声

由于雪崩光电二极管的雪崩倍增作用是随机的，这种随机性，必然要引起雪崩管输出信号的浮动，从而引入噪声。

对于PIN光电二极管来说，由于其内部不存在碰撞雪崩过程，因此其内部噪声主要是量子噪声。对于雪崩光电二极管来说，内部的噪声一方面是由于雪崩过程带来的倍增噪声，另一方面是量子噪声，当雪崩倍增噪声远大于量子噪声时，量子噪声可以忽略不计。

(4) 光接收机的电路噪声

光接收机的电路噪声主要指前置放大器噪声，其中包括电阻热噪声及晶体管组件内部噪声。

4. 光接收机的主要指标

数字光接收机的主要指标有光接收机的灵敏度和动态范围。

(1) 光接收机的灵敏度

光接收机的灵敏度是指在系统满足给定误码率指标的条件下，光接收机所需的最小平均接收光功率 P_{min}（单位为 mW）。工程中常用毫瓦分贝(dBm)来表示，即

$$P_R = 10\lg \frac{P_{min}}{1\ \text{mW}}\ (\text{dBm}) \quad (3\text{-}11)$$

如果一部光接收机在满足给定的误码率指标下，所需的平均光功率低，说明它在微弱的输入光条件下就能正常工作，显然这部接收机的灵敏度高，其性能是好的。影响光接收机灵敏度的主要因素是噪声，它包括光电检测器的噪声、放大器的噪声等。

(2) 光接收机的动态范围

光接收机的动态范围是指在保证系统误码率指标的条件下，接收机的最低输入光功率(dBm)和最大允许输入光功率(dBm)之差(dB)，即

$$D = 10\lg \frac{P_{max}}{10^{-3}} - 10\lg \frac{P_{min}}{10^{-3}} = 10\lg \frac{P_{max}}{P_{min}}\ (\text{dB}) \quad (3\text{-}12)$$

之所以要求光接收机有一个动态范围，是因为光接收机的输入光信号不是固定不变的。为了保证系统正常工作，光接收机必须具备适应输入信号在一定范围内变化的能力。低于这个动态范围的下限(即灵敏度)，如前所述将产生过大的误码；高于这个动态范围的上限，在判决时亦将造成过大的误码。显然一部好的光接收机应有较宽的动态范围，表示光接收机对输入信号具有良好的适应能力，数值越大越好。

笔记

任务实施

步骤一 熟读接收机灵敏度和动态范围测量实验指导书，熟悉接收机灵敏度和动态范围测量的测试方法。

任务指导 3-8 接收机灵敏度和动态范围测量实验指导书

步骤二 学习接收机灵敏度和动态范围测量实验指导视频微课，掌握接收机灵敏度和动态范围测量的步骤和注意事项。

任务指导 3-9 接收机灵敏度和动态范围测量指导视频微课

任务检查与评价

任务完成情况的测评细则参见表 3-3。

表 3-3 项目 3 任务 3 测评细则

一级指标	比例	二级指标	比例	得分
熟悉光接收机的组成结构和特性指标	30%	1. 熟悉光电检测器的工作原理	10%	
		2. 熟悉光接收机的组成结构	10%	
		3. 熟悉光接收机的特性指标	10%	
完成接收机灵敏度和动态范围测量	60%	1. 掌握仿真实验平台的使用方法	10%	
		2. 掌握光接收机灵敏度和动态范围的测量方法	20%	
		3. 完成光接收机灵敏度和动态范围测量，并对实验数据进行记录和分析	30%	
职业素养与职业规范	10%	1. 计算机使用操作规范	4%	
		2. 实验室安全、整洁情况	3%	
		3. 团队分工协作情况	3%	

巩固与拓展

笔记

1. 巩固自测

通过本任务实施过程中知识链接的学习内容，完成题库中的练习。

题库 3-3

2. 任务拓展

了解通用型光收发模块接收机灵敏度常见指标数据。

任务指导 3-10 通用型光收发模块接收机灵敏度常见指标数据

任务 3-4 光信号的加油站——光中继器

任务目标

- 了解光中继器的分类、结构和功能

- 了解常用的光放大器的原理及其工作特性
- 掌握半导体光放大器和掺铒光纤放大器的原理及其工作特性

任务描述

本任务通过知识链接的学习，配合 EDFA 工作原理动画的展示，完成对光放大器的工作原理及其工作特性的学习。

在学习者对光放大器工作原理及其工作特性有了一定认识的基础上，配合使用仿真实验平台对光信号进行放大操作微课的指导教学，让学习者了解光放大器的工作过程和效果，让其能够独立使用实验箱的光放大器模块进行实践操作。

本任务旨在让学习者了解光纤通信工程建设中常用光放大器的工作原理及其工作特性，掌握掺铒光纤放大器的原理及其工作特性，培养其专业认知和职业素养。

知识链接

笔记

光中继器是在长距离的光纤通信系统中补偿光缆线路光信号的损耗和消除信号畸变及噪声影响的设备，是光纤通信设备的一种，其作用是延长通信距离，就如同光信号在长途旅行中的加油站。通常光中继器由光接收机、定时判决电路和光发送机三部分，以及远供电源接收、遥控、遥测等辅助设备组成。光中继器将从光纤中接收到的弱光信号经光检测器转换成电信号，再生或放大后，再次激励光源，转换成较强的光信号，送入光纤继续传输。光中继器可分为光-电-光中继器和全光中继器两大类。

1. 光-电-光中继器

传统的光中继器是采用光-电-光(O-E-O)转换形式的中继器。

(1) 组成结构

其组成结构比较复杂，它包括光接收机的光/电变换和光发送机的电/光变换的主要部件。如图 3-14 所示，它主要由光电检测器、放大器、均衡器、自动增益控制、判决器、调制电路、光源等组成，涉及光发送机和光接收机的主要部分。

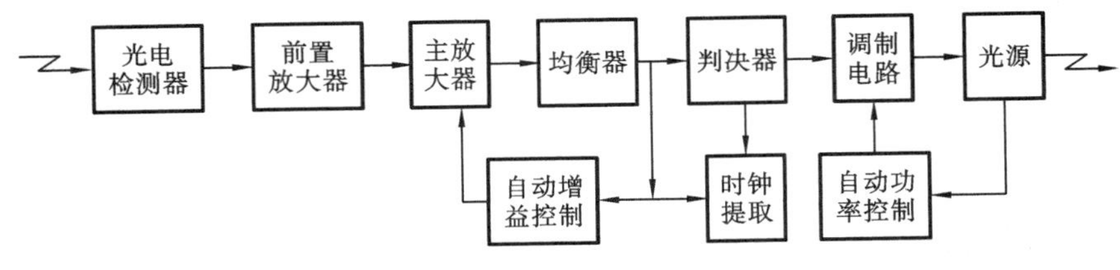

图 3-14 光-电-光中继器的组成

(2) 实现功能

从中继器的组成上可以概括其主要功能，即：

① 均衡放大——将输入的已失真的小信号加以均衡放大。

② 定时提取——从输入信号中提取时钟频率，并得到定时脉冲。

③ 识别再生——将波形重新再生，得到与发送端一样的脉冲形状。

这种中继器的最大特点是能对光脉冲信号进行整形、再生，使波形的畸变不会积累。不足之处是设备复杂、成本较高、维护不便。

2. 全光中继器

全光中继器，即光放大器，其特点是直接放大光信号，不需要光电、电光转换，对信号的格式、速率具有高度的透明性，系统的结构简单、灵活。光放大器的开发及其产业化，是光纤通信技术一个非常重要的成果，它大大地促进了光复用技术、光孤子通信以及全光网络的发展。

光放大器主要分为半导体光放大器和光纤放大器两种。

(1) 半导体光放大器(SOA)

半导体光放大器是由半导体材料制成的，其放大特性主要取决于有源层的介质特性和激光腔的特性。它虽然也是粒子数反转放大发光，但发光的媒介是非平衡载流子即电子空穴对而非稀有元素。

半导体光放大器一般分为两种，一种是将通常的半导体激光器当作光放大器使用，称为 F-P 半导体激光放大器(FPA)；另一种是在 F-P 激光器的两个端面上涂抗反射膜，消除两端的反射，以获得宽频带、高输出、低噪声的特性。

半导体光放大器的优点是结构简单、体积小，可充分利用现有的半导体激光器技术，制作工艺成熟，成本低、寿命长、功耗小，且便于与其他光器件进行集成。另外，其工作波段可覆盖 1.3～1.6 μm 波段，这是 EDFA 或 PDFA 所无法实现的。但其最大的缺陷在于与光纤的耦合损耗太大，噪声及串扰较大且易受环境温度影响，因此稳定性较差。半导体光放大器除了可用于光放大外，还可以作为光开关和波长变换器。

(2) 光纤放大器(OFA)

光纤放大器是指运用于光纤通信线路中，实现信号放大的一种新型全光放大器。根据放大机制的不同，光纤放大器可以分为非线性光纤放大器和掺杂光纤放大器两类。

① 非线性光纤放大器

非线性光纤放大器是利用光纤的非线性效应实现对信号光放大的一种激光放大器。当光纤中光功率密度达到一定阈值时，将产生受激拉曼散射或受激布里渊散射，形成对信号光的相干放大。非线性光纤放大器可相应分为拉曼光纤放大器(SRA)和布里渊光纤放大器(BRA)。

② 掺杂光纤放大器

制作光纤时，采用特殊工艺，在光纤芯层沉积中掺入极小浓度的稀土元素，如铒、镨或铷等离子，可制作出相应的掺铒、掺镨或掺铷光纤。光纤中掺杂离子在受到泵浦光激励后跃迁到亚稳定的高激发态，在信号光诱导下，产生受激辐射，形成对信号光的相干放大。这种光纤放大器实质上是一种特殊的激光器，它的工作腔是一段掺稀土粒子光纤，泵浦光源一般采用半导体激光器。

当前光纤通信系统工作在两个低损耗窗口：1.55 μm 波段和 1.31 μm

笔记

波段。选择不同的掺杂元素，可使放大器工作在不同窗口。例如，工作在 1.55 μm 波段的掺铒光纤放大器(EDFA)和工作在 1.31 μm 波段的掺镨光纤放大器(PDFA)。

3. 掺铒光纤放大器

Er(铒)是一种稀土元素，将它注入纤芯中，即形成一种特殊光纤，它在泵浦光的作用下可直接对某一波长的光信号进行放大，因而称为掺铒光纤放大器(EDFA)。

(1) EDFA 的特点

① EDFA 的工作波长与单模光纤的最小衰减窗口一致，其范围为 1.53～1.56 μm。

② 掺铒光纤的纤芯比传输光纤的小，信号光和泵浦光同时在掺铒光纤中传播，光能量非常集中。这使得光与增益介质 Er 离子的作用非常充分，加之适当长度的掺铒光纤，因而光能量的转换效率高。激励所需的泵浦功率低，仅需几十毫瓦。

③ EDFA 增益高、噪声指数较低、输出功率大，信道间串扰很低。它的增益可达 40 dB。噪声可低至 3～4 dB，输出功率可达 14～20 dBm。

④ EDFA 属于光纤放大器，易与传输光纤耦合连接，其耦合效率高，连接损耗可低到 0.1 dB。

笔记

(2) EDFA 的缺点

① Er 离子能级之间的能级差决定了 EDFA 的工作波长范围是固定的，只能在 1550 nm 窗口。这也是掺稀土离子光纤放大器的局限性，如掺镨光纤放大器只能工作在 1310 nm 窗口。

② EDFA 的增益带宽很宽，但其本身的增益谱不平坦。在 WDM 系统中应用时必须采取特殊的技术使其增益平坦。

③ 采用 EDFA 可使输入光功率迅速增大，但由于其动态增益变化较慢，在输入信号能量跳变的瞬间，将产生光浪涌，即输出光功率出现尖峰，尤其是当 EDFA 级联时，光浪涌现象更为明显。峰值光功率可以达到几瓦，有可能造成 O/E 变换器和光连接器端面的损坏。

(3) EDFA 的结构和分类

按照泵浦光源输出能量是否和输入的光信号能量以同一方向注入掺铒光纤，EDFA 有三种不同的结构方式，分别是同相泵浦结构、反向泵浦结构和双向泵浦结构。

① 同向泵浦结构

输入光信号与泵浦光源输出的光波，以同一方向注入掺铒光纤，如图 3-15 所示。

② 反向泵浦结构

输入光信号与泵浦光源输出的光波，从相反方向注入掺铒光纤，如图 3-16 所示。

③ 双向泵浦结构

同时具备同向和反向的泵浦光源，如图 3-17 所示。

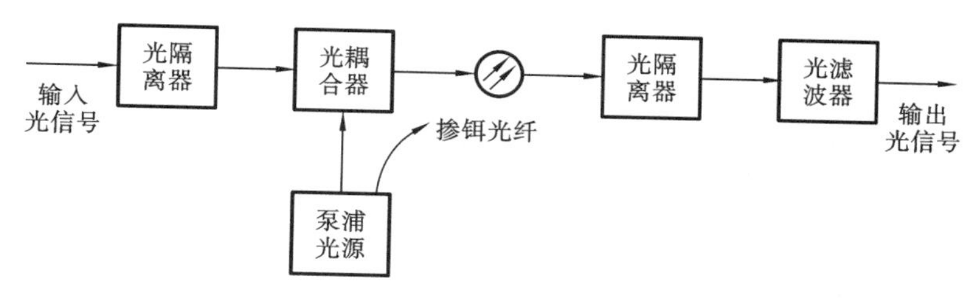

图 3-15　同向泵浦结构

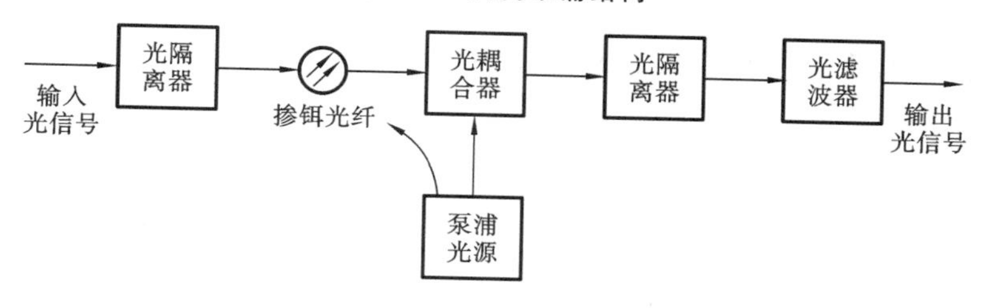

图 3-16　反向泵浦结构

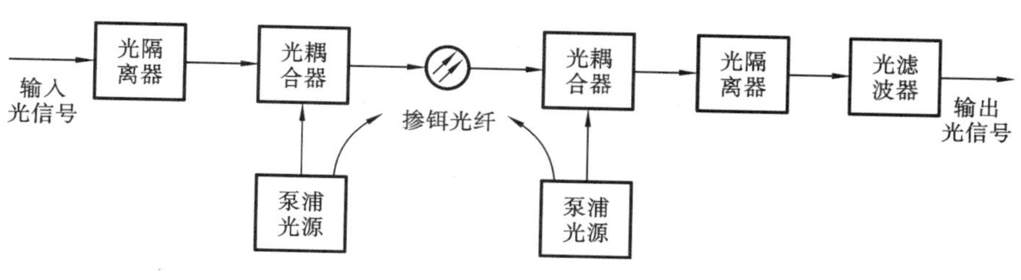

图 3-17　双向泵浦结构

笔记

(4) EDFA 的工作原理

掺铒光纤中的铒离子是个三价离子，即 Er^{3+}，其外层为电子三能级结构，其中 E_1 是基态，E_2 是亚稳态，E_3 是高能态。

在未受任何光照的情况下，电子处于最低能级 E_1。当泵浦源作用到掺铒光纤时，Er^{3+} 离子的电子获得能量从基态 E_1 被大量激发到高能态 E_3。由于高能态 E_3 不稳定，铒离子将进入亚稳态 E_2，这是一个无辐射跃迁过程，不释放光子。而 E_2 是一个亚稳态的能带，在该能级上，粒子的存活寿命较长(大约 10 ms)。受到泵浦光激励的粒子，以非辐射跃迁的形式不断地向该能级汇集，从而实现粒子数反转分布，如此就存在实现光放大的条件。

当入射光信号的光子能量 $E=hf$，正好等于($E_2—E_1$)的能级差时，亚稳态的粒子受入射光子的激发，以受激辐射的形式跃迁到基态，并产生出与入射信号光子完全相同的光子，从而大大增加了信号光中的光子数量，即实现了信号光在掺铒光纤传输过程中不断被放大的功能。

动画 3-9　EDFA 工作原理

(5) EDFA 的工作特性

① 功率增益 G

功率增益 G 反映掺铒光纤放大器的放大能力，定义为输出信号光功率 P_{out} 与输入信号光功率 P_{in} 之比，一般以分贝(dB)来表示。

$$G=10\lg P_{out}/P_{in} \tag{3-13}$$

功率增益与光纤长度的关系如图 3-18 所示，随着掺铒光纤长度的增加，增益经历了从增大到减小的过程。这是因为随着光纤长度的增加，光纤中的泵浦功率将下降，使得粒子反转数降低，最终在低能级上的铒粒子数多于高能级上的铒粒子数，粒子数恢复到正常的数值。再加上由于掺铒光纤本身的损耗，造成信号光中被吸收掉的光子比受激辐射产生的光子多，也引起增益的下降。所以，对于某个确定的入射泵浦功率，存在着一个掺铒光纤的最佳长度，使得增益最大。

笔记

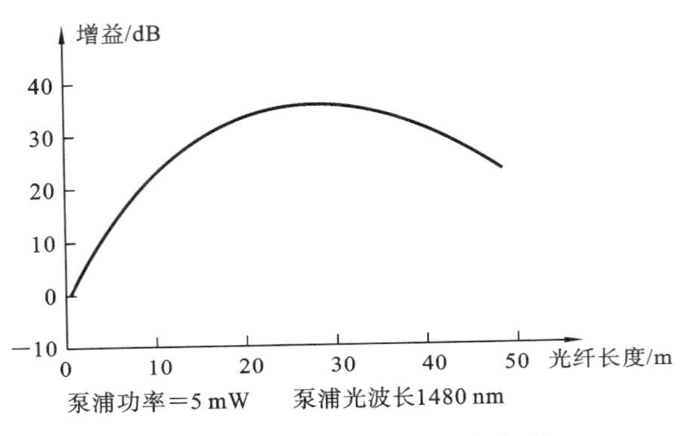

图 3-18　增益与光纤长度的关系

功率增益与泵浦功率的关系如图 3-19 所示，能量从泵浦光转换成信号光的效率很高，因此 EDFA 很适合作功率放大器。

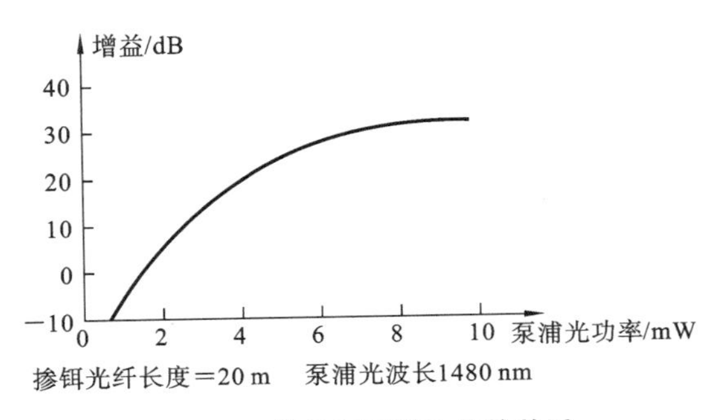

图 3-19　增益与泵浦功率的关系

② 饱和输出功率

饱和输出功率是表征输入信号功率与输出信号功率之间关系的参数。如图 3-20 所示，当输入光信号的功率增大到了一定值(一般为 −20 dB 左右)后，增益开始下降，出现增益饱和现象。饱和增益下降 3 dB 所对应的输出功率，称 3 dB 饱和输出功率。

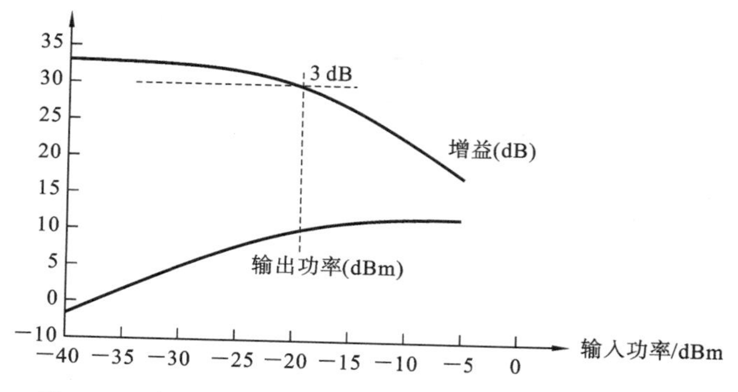

图 3-20 掺铒光纤放大器的输出特性和增益饱和特性曲线

③ EDFA 的噪声特性

掺铒光纤放大器的噪声主要来自它的自发辐射。在激光器中,自发辐射是产生激光振荡必不可少的条件,而在放大器中它却成了有害噪声的来源。它与被放大的信号在光纤中一起传播、放大,在检测器中检测时便得到下列几种形式的噪声:自发辐射的散弹噪声;自发辐射的不同频率光波间的差拍噪声;信号光与自发辐射光间的差拍噪声;信号光的散弹噪声。本身产生的噪声放大后使得信号的信噪比下降,造成对传输距离的限制。

笔记

掺铒光纤放大器的噪声特性可用噪声系数 F 来表示,它定义为放大器的输入信噪比(SNR_{in})与输出信噪比(SNR_{out})之比,即

$$F=SNR_{in}/SNR_{out} \tag{3-14}$$

经分析,EDFA 噪声系数的极限约为 3 dB。980 nm 泵浦的放大器的噪声系数优于 1480 nm 泵浦的噪声系数。一般噪声系数越小越好。

(6) EDFA 的应用

掺铒光纤放大器在光纤通信系统中的主要作用是延长通信中继距离,当它与波分复用技术结合时,可实现超大容量、超长距离传输。其在光纤通信系统中主要用作前置放大器(preamplifier,PA)、功率放大器(booster amplifier,BA)和线路放大器(line amplifier,LA)。

① 前置放大器

作为前置放大器时,如图 3-21 所示,EDFA 放在光接收机之前,放大微弱的光信号,以改善光接收灵敏度,对噪声要求苛刻。用于前置,要求噪声低,而 EDFA 的低噪声特性,正好可大大提高光接收机的灵敏度。

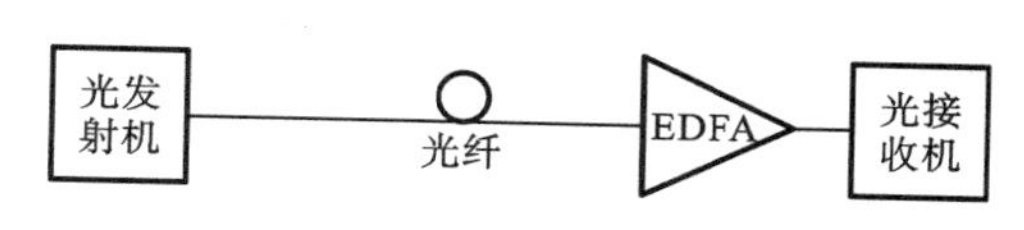

图 3-21 EDFA 作前置放大器

② 功率放大器

作为功率放大器时,如图 3-22 所示,EDFA 放在光发射机之后,以提高发射光功率,对其噪声要求不高,饱和输出功率是主要参数。用于提高输出光功率,增加入纤功率,延长传输距离。

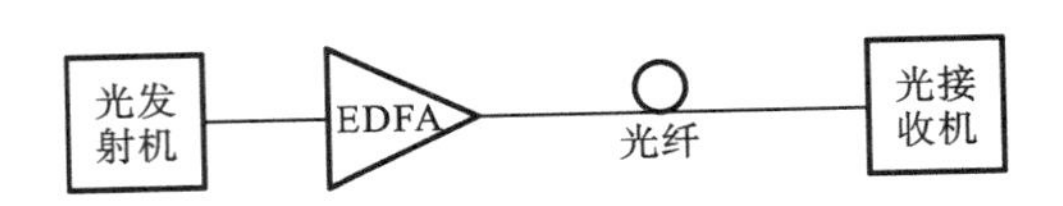

图 3-22 EDFA 作功率放大器

③ 线路放大器

作为线路放大器时，如图 3-23 所示，在光纤线路中每隔一段距离设置一个 EDFA，以延长干线网的传输距离。

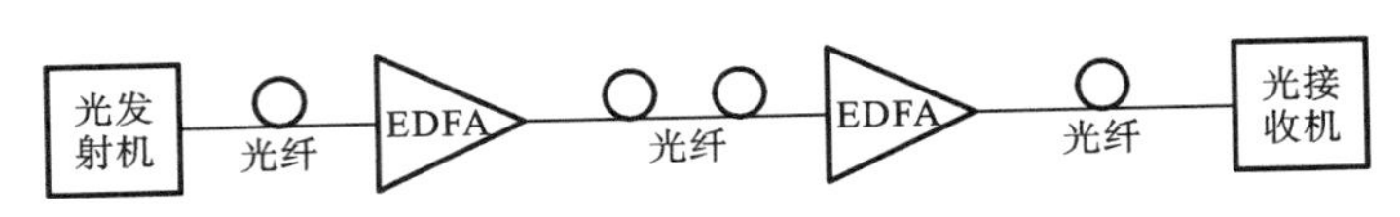

图 3-23 EDFA 作线路放大器

任务实施

学习知识链接中的内容，了解光中继器的结构、特性及应用。

任务检查与评价

笔记

任务完成情况的测评细则参见表 3-4。

表 3-4 项目 3 任务 4 测评细则

一级指标	比例	二级指标	比例	得分
熟悉光中继器的相关知识	40%	1. 了解光-电-光中继器的结构和功能	10%	
		2. 了解全光中继器的分类和特点	10%	
		3. 能比较说明两种光中继器的优势和缺陷	20%	
熟悉 EDFA 的工作原理和特性	60%	1. 熟悉 EDFA 的特点	15%	
		2. 熟悉 EDFA 的分类和结构	15%	
		3. 熟悉 EDFA 的工作原理和应用场景	30%	

巩固与拓展

1. 巩固自测

通过本任务实施过程中知识链接的学习内容，完成题库中的练习。

题库 3-4

2. 任务拓展

学习半导体放大器。

任务指导 3-11 半导体放大器

任务 3-5 革命的一块砖——光无源器件

任务目标

- 了解光无源器件的分类与作用
- 掌握不同光无源器件的工作原理及其工作特性
- 掌握光衰减器衰减值的测试方法

笔记

任务描述

本任务通过知识链接的学习，了解光无源器件的种类及基本功能，完成对光无源器件应用方法的学习。在学习者对光无源器件有了一定认识的基础上，配合使用光衰减器衰减值操作微课的指导教学，让学习者掌握光衰减值的测试方法，使其能够独立完成光衰减值测试的实践操作。

本任务旨在让学习者了解常见光无源器件的种类、工作原理及其工作特性，掌握光衰减值的测试方法，培养其专业认知和职业素养。

知识链接

1. 什么是光无源器件

光无源器件也称为“无源光器件”，是在光纤通信实现自身功能的过程中，内部不发生光电能量转换的一类光学器件。这些器件本身不发光、不放大、不产生光电转换。光无源器件是光纤通信设备的重要组成部分，也是其他光纤应用领域不可缺少的元器件。光无源器件是一种能量消耗型器件，主要功能是在光路中对光信号或能量进行连接、合成、分插、转换及有目的地衰减。光无源器件具有高回波损耗、低插入损耗、高可靠性、稳定性、机械耐磨性和抗腐蚀性、易于操作等特点，广泛应用于长距离通信、区域网络及光纤到户、视频传输、光纤感测等，它就如同革命的一块砖，哪里需要哪里搬。

光无源器件有多种分类方法，目前最常用的是按功能分类。按照器件在光纤传输通路上所发挥的功能，可分为光连接器、光衰减器、光耦合器、光复用器/解复用器、光隔离器、光开关、光环形器、滤波器等。

2. 光连接器

光连接器也称为“光纤连接器”，是光纤与光纤之间进行可拆卸（活动）连接的器件，它把光纤的两个端面精密对接起来，以使发射光纤输出的光能量能最大限度地耦合到接收光纤中去，并使由于其接入光链路而对系统造成的影响减到最小，这也是光纤连接器的基本要求。在一定程度上，光纤连接器影响了光传输系统的可靠性和各项性能。

光纤连接器应用广泛，品种繁多。光纤连接器按连接头的结构形式，可分为LC、FC、SC、ST、MT、MPO/MTP等各种形式；按光纤端面形状，可分为PC、UPC和APC等几种；按光纤芯数划分，可分为单芯和多芯（如MT-RJ）。在实际应用过程中，我们一般按照光纤连接器结构形式的不同来加以区分。以下介绍一些目前比较常见的光纤连接器。

（1）LC型光纤连接器

LC型光纤连接器采用操作方便的模块化插孔（RJ）闩锁机理制成，如图3-24所示。其所采用的插针和套筒的尺寸是普通SC、FC等所用尺寸的一半，可提高光纤连接器的布放密度。目前，在单模SFF方面，LC类型的连接器已经占据了主导地位。

笔记

（2）SC型光纤连接器

SC型光纤连接器为标准方形接头，外壳呈矩形，采用工程塑料，具有耐高温、不容易氧化的优点，如图3-25所示。所采用的插针与耦合套筒的结构尺寸与FC型的完全相同。其中插针的端面多采用PC或APC型研磨方式；紧固方式是采用插拔销闩式，不需旋转。此类连接器价格低廉，插拔操作方便，介入损耗波动小，抗压强度较高，安装密度高。

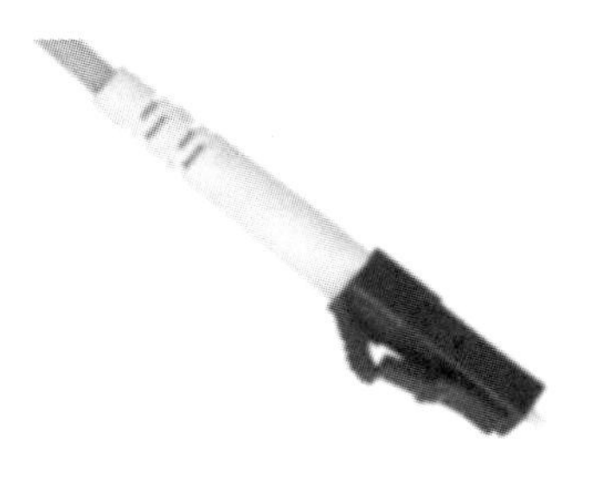

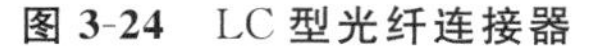

图3-24　LC型光纤连接器

图3-25　SC型光纤连接器

（3）FC型光纤连接器

FC型光纤连接器外部加强采用金属套，紧固方式为螺丝扣，如图3-26所示。早期的FC型连接器采用陶瓷插针，对接端面采用平面接触方式（FC）。此类连接器结构简单，操作方便，制作容易，但光纤端面对微尘较为敏感，且容易产生菲涅耳反射，提高回波损耗性能较为困难。后来，对该类型连接器做了改进，采用对接端面呈球面的插针（PC），而外部结构没有改变，使得插入损耗和回波损耗性能有了较大幅度的提高。

（4）ST型光纤连接器

ST型光纤连接器外壳呈圆形，采用卡口锁紧连接耦合方式，两个插头通过适配器用卡口对接开式进行连接，常用于光纤配线架，如图 3-27 所示。

图 3-26 FC 型光纤连接器　　图 3-27 ST 型光纤连接器

(5) MT-RJ 型光纤连接器

MT-RJ 具有与 RJ-45 型 LAN 电连接器相同的闩锁机构，通过安装于小型套管两侧的导向销对准光纤，如图 3-28 所示。为便于与光收发信机相连，连接器端面光纤为双芯(间隔 0.75 mm)排列设计，是主要用于数据传输的高密度光纤连接器。

(6) MPO/MTP 型光纤连接器

MPO/MTP 型光纤连接器是支持 2 芯及以上芯数的光纤集合在一个接头内的高密度光纤接头，目前通常使用的是 12 芯 MPO/MTP 接头，如图 3-29 所示。主要应用于数据中心的预端接光缆接头，支持 40 G(12 芯)和 100 G(24 芯)光纤通道。MPO/MTP 接头分为两种：带导向针(公头)的接头和不带导向针(母头)的接头。MTP 接头是 MPO 接头的升级版本，传输性能更好，损耗更低，对纤度更高。

笔记

图 3-28 MT-RJ 型光纤连接器　　图 3-29 MPO/MTP 型光纤连接器

光纤连接器中光纤的两个端面必须精密对接起来，以使发射光纤输出的光能量最大限度地耦合到接收光纤中去。光纤线路的成功连接取决于光纤物理连接的质量，两个光纤端面需要达到充分的物理接触。物理接触对保证光纤连接点的低插入损耗和高回波损耗至关重要。光纤连接器中光纤端面形状常见的有 PC、UPC 和 APC 三种类型，如图 3-30 所示。

PC(physical contact)即物理接触。微球面研磨抛光，插芯表面研磨成轻微球面，光纤纤芯位于弯曲最高点，这样可有效减少光纤组件之间的空气隙，使两个光纤端面达到物理接触。PC 在电信运营商的设备中应用最为广泛。

UPC(ultra physical contact)即超物理端面。UPC 连接器端面并不是完全平的，有一个轻微的弧度以达到更精准的对接。UPC 是在 PC 的基础

图 3-30 光纤端面形状示意图

上优化了端面抛光和表面光洁度,端面看起来更加像圆顶状。UPC 衰耗比 PC 的要小,一般用于有特殊需求的设备。例如,一些厂家 ODF 架内部跳纤用的就是 FC/UPC,主要是为提高 ODF 设备自身的指标。

APC(angled physical contact)即斜面物理接触。光纤端面通常研磨成 8°斜面,8°斜面让光纤端面更紧密,并且将光通过其斜面角度反射到包层而不是直接返回到光源处,提供了更好的连接性能。APC 在广电和早期的有线电视中应用较多,因其尾纤头采用了带倾角的端面,减少了沿原路径返回的反射光,故可以改善电视信号的质量。

光纤连接器的常见标示方法是使用连接器的结构形式和光纤端面(截面)工艺一起标示,如"FC/PC""SC/PC""SC/APC"等。

笔记

"/"前面部分,表示尾纤的连接器结构形式(型号),如 LC、FC、SC 等。

"/"后面部分,表示光纤接头截面工艺,即端面研磨方式,如 PC、UPC、APC 等。

3. 光衰减器

光衰减器可按照用户的要求将光信号能量进行预期的衰减。光衰减器通常是通过对光信号进行吸收、反射、扩散、散射、偏转、衍射和色散等方法,达到衰减光功率的目的。常见的衰减光功率的方法有以下几种。

(1) 空气隔离技术:光在光纤中传输受到全反射定律的制约,无法散射出来,从而保持强度的相对稳定,而一旦其脱离光纤,由于在光纤与光纤之间加入了空气间隔,光就会散射出去,从而引起衰减。

(2) 位移错位技术:此方法是将 2 根光纤的纤芯进行微量平移错位,从而达到功率损耗的效果。

(3) 衰减光纤技术:根据金属离子对光有吸收作用的原理,研制出掺杂金属离子的衰减光纤。将衰减光纤穿入陶瓷插芯,经过特殊工艺处理,可以制成阴阳式的固定衰减器。

(4) 吸收玻璃法:经光学抛光的中性吸收玻璃片也可应用于光衰减器的制作。

根据光衰减器应用的不同,光衰减器可分为固定光衰减器和可调光衰减器。

固定光衰减器的衰减功率固定(如 1 dB、5 dB、10 dB 等),目前市场上的固定光衰减器衰减功率为 1～30 dB,一般用于电信网络、光纤测试设备、局域网(LAN)和有线电视(CATV)系统,如图 3-31 所示。根据连接器接口类型的不同,固定光衰减器可以分为LC、SC、ST、FC、MU等光衰减器。此外,每一种连接器接口的固定光衰减器还可以细分为APC和UPC两种研磨抛光方式。固定光衰减器通常有两个接口,分别是公头的连接器接口和母头的连接器接口。现在最常用的固定光衰减器有LC(公)-LC(母)光衰减器和LC(母)-LC(母)光衰减器。其中,LC(母)-LC(母)光衰减器是一种特殊的衰减器,为两端都是母头的连接器接口,因此也被称为适配器式固定光衰减器。

固定光衰减器总是用在光纤链路的接收端,这样做便于人们测试衰减前后的光功率,如图3-32所示。

图3-31 LC型10 dB固定光衰减器

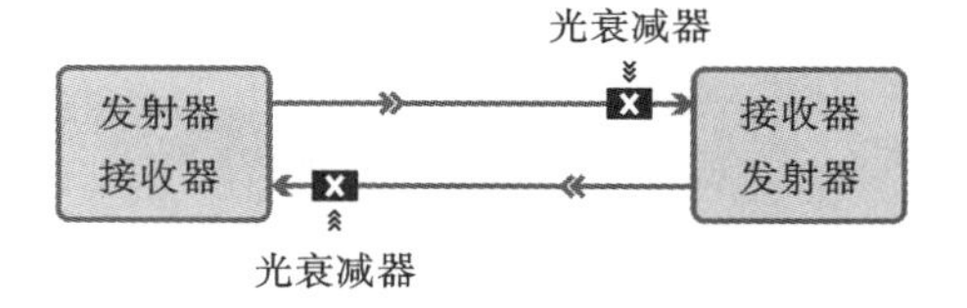

图3-32 固定光衰减器应用位置

可调光衰减器也称为可变光衰减器(VOA),是在固定光衰减器上进一步智能化的设备。可调光衰减器有自身的可调范围,如可调衰减值为2～10 dB,我们就可以将它调整为2～10 dB的任何一个衰减值,使得它能更好地适应用户的需求。

笔记

可调光衰减器分为机械可调光衰减器和电可调光衰减器。机械可调光衰减器调整衰减值通常需要工程师手工调整,且难以直观观测调整的衰减值,目前实际应用较少,如图3-33所示。电可调光衰减器目前通常集成在光通信设备的模块中,可通过设备的网络管理系统进行管理,通常可以直接设置具体的衰减数值,得到了广泛的应用。

图3-33 机械可调光衰减器

4. 光耦合器

光耦合器也称为光纤耦合器,简称耦合器,是一类能使传输中的光信号在特殊结构的耦合区发生耦合并进行再分配的无源光器件,它能够将光信号进行分路或合路、插入、分配等,如图3-34、图3-35所示。

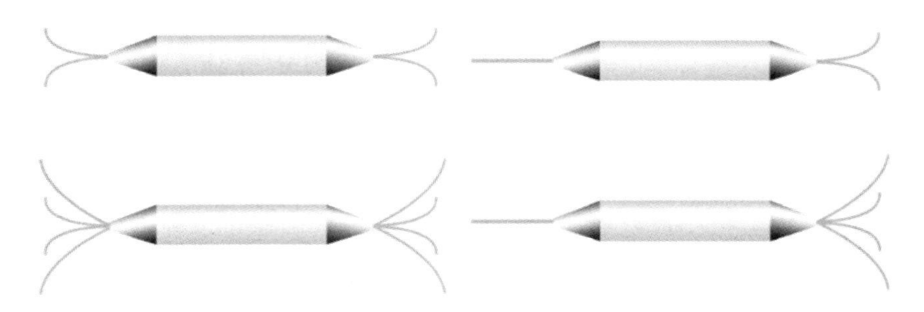

图 3-34 光耦合器示意图

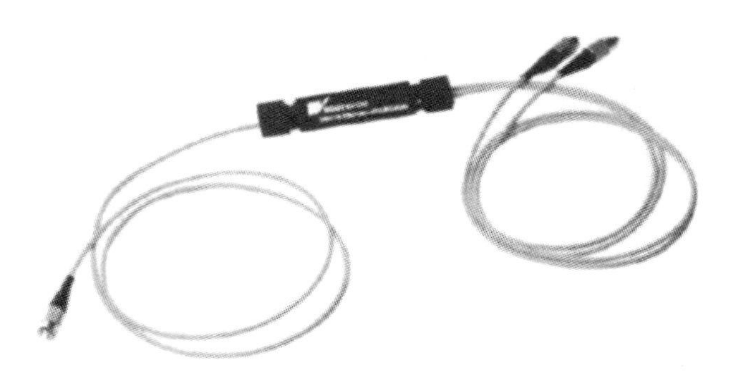

图 3-35 光耦合器实物图

笔记

光耦合器从功率上划分，可分为功率分配器和光波长（合/分波）耦合器；从端口形式上划分，可分为 X 形（2×2）耦合器、Y 形（1×2）耦合器、星形（$N\times N, N>2$）耦合器、树形（$1\times N, N>2$）耦合器；从传导模式划分，可分为多模耦合器和单模耦合器。光耦合器从制作方法上划分，可分为光学元件组合型、全光纤型、平面波导型，其中属于全光纤型的光纤熔融拉锥法因具有各种优势，成为当前光耦合器的主要制作方法。

光纤熔融拉锥法是将两根（或两根以上）除去涂覆层的光纤以一定的方式靠拢，在高温加热下熔融，同时向两侧拉伸，最终在加热区形成双锥体形式的特殊波导结构，实现传输光功率耦合的一种方法。

5. 光复用器/解复用器

光复用器/解复用器通常指波分复用器/解复用器。将不同波长的信号结合在一起经一根光纤输出的器件称为复用器（也叫合波器），反之，将经同一传输光纤送来的多波长信号分解为各个波长分别输出的器件称为解复用器（也叫分波器），如图 3-36 所示。从原理上讲，这种器件是互易的（双向可逆），即只要将解复用器的输出端和输入端反过来使用，就是复用器。

需要注意波分复用器/解复用器和光分路器（光耦合器）之间存在的区别。简单地说，波分复用器/解复用器是将线路中多个波长的光分开单独传输，当然也可以复合多个波长的光一起传输。而分路器是将一个波长的光按照使用的需要分成多束传播，各束光的功率按照所使用的分路器规格来定。两者最重要的区分点就是前者可以复合传输各种业务波长的光信

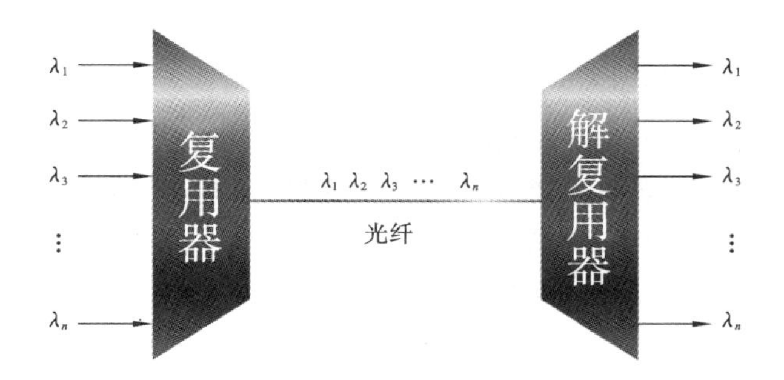

图 3-36 光复用器/解复用器的应用

号；而后者仅仅传输一个波长的光，并按照一定的分光比例来分光。

波分复用器和解复用器是波分通信系统中的关键部件，对波分复用器与解复用器共同的要求有：复用信道数量足够多、插入损耗小、串音衰减大和通带范围宽。波分复用器与波分解复用器的不同点在于：复用器的插入损耗一般比较大，而解复用器对于给定工作波长具有最低的插入损耗，其他端口对该光信号具有理想隔离。

6. 光隔离器

光隔离器的功能是让正向传输的光通过而隔离反向传输的光，从而防止反射光影响系统的稳定性，与电子器件中的二极管功能类似。

笔记

（1）光隔离器的分类

光隔离器按偏振相关性分为两种：偏振相关型和偏振无关型，前者又称为自由空间型(freespace)，因为其两端无光纤输入输出；后者又称为在线型(in-line)，因为其两端有光纤输入输出。自由空间型光隔离器一般用于半导体激光器中，因为半导体激光器发出的光具有极高的线性度，因而可以采用这种偏振相关的光隔离器而享有低成本的优势；在通信线路或者EDFA中，一般采用在线型光隔离器，因为线路上的光偏振特性非常不稳定，要求器件有较小的偏振相关损耗。

（2）光隔离器的基本原理

光隔离器利用的基本原理是偏振光的马吕斯(Malus)定律和法拉第(Farady)磁光效应。

自由空间型光隔离器的基本结构和工作原理如动画3-10所示，由一个磁环、一个法拉第旋光片和两个偏振片组成，两个偏振片的光轴成45°夹角。正向入射的线偏振光，其偏振方向沿偏振片1的透光轴方向，经过法拉第旋光片时逆时针旋转45°至偏振片2的透光轴方向，顺利透射；反向入射的线偏振光，其偏振方向沿偏振片2的透光轴方向，经法拉第旋光片时仍逆时针旋转45°至与偏振片1的透光轴垂直，被隔离而无透射光。

动画3-10 光隔离器的工作原理

最早的在线型光隔离器是用 Displacer 晶体与法拉第旋光片组合制作的，因体积大和成本高而被 Wedge 型光隔离器取代；在线型光隔离器因采用双折射晶体而引入 PMD，因此出现相应的 PMD 补偿型 Wedge 隔离器。某些应用场合对隔离度提出更高要求，因此出现双级光隔离器，以期望在更宽的带宽获得更高隔离度。

（3）光隔离器的技术参数

对于光隔离器，主要的技术指标有插入损耗(insertion loss)、反向隔离度(isolation)、回波损耗(return loss)、偏振相关损耗(polarization dependent loss，PDL)、偏振模色散(polarization mode dispersion，PMD)等。

① 插入损耗

插入损耗是指在光隔离器通光方向上，传输的光信号由于引入光隔离器而产生的附加损耗。插入损耗越小越好。

② 反向隔离度

反向隔离度是隔离器最重要的指标之一，它表征隔离器对反向传输光的衰减能力。反向隔离度越大越好。

③ 回波损耗

笔记

回波损耗是指构成光隔离器的各元件、光纤以及空气折射率失配引起的反射造成的对入射光信号的衰减。回波损耗越大越好。

④ 偏振相关损耗

偏振相关损耗与插入损耗不同，它是指当输入光偏振态发生变化而其他参数不变时，器件插入损耗的最大变化量，是衡量器件插入损耗受偏振态影响程度的指标。对于偏振无关光隔离器，由于器件中存在着一些可能引起偏振的元件，不可能实现 PDL 为零。

⑤ 偏振模色散

偏振模色散是指通过器件的信号光不同偏振态之间的相位延迟。在光无源器件中，不同偏振模式具有不同的传播轨迹和不同的传播速度，产生相应的偏振模色散。同时，由于光源谱线有一定带宽，也会引起一定色散。

一般情况下，光通信系统对光隔离器的主要技术指标要求为：插入损耗$\leqslant$1.0 dB；隔离度$\geqslant$35 dB；回波损耗$\geqslant$50 dB；PDL$\leqslant$0.2 dB；PMD$\leqslant$0.2 ps。

7. 光开关

光开关是光纤通信中光交换系统的基本元件，并广泛应用于光路监控系统和光纤传感系统，能够控制传输通路中光信号通或断或进行光路切换作用的器件。

（1）光开关的分类

根据输入和输出端口数的不同，光开关可分为 1×1、1×2、$1\times N$、2×2、$M\times N$ 等多种，它们在不同的场合下有不同的用途。

根据其工作原理不同，光开关可分为机械式光开关和电子式光开关。

（2）光开关的结构

① 机械式光开关

机械式光开关的开关功能是通过机械方法实现的。利用电磁铁或步进电机驱动光纤，进而配合棱镜或反射镜等光学元件实现光路切换，如图 3-37 所示。

其优点是插入损耗小，隔离度高，串扰小，适合各种光纤，技术成熟；缺点是开关速度较慢，体积较大。

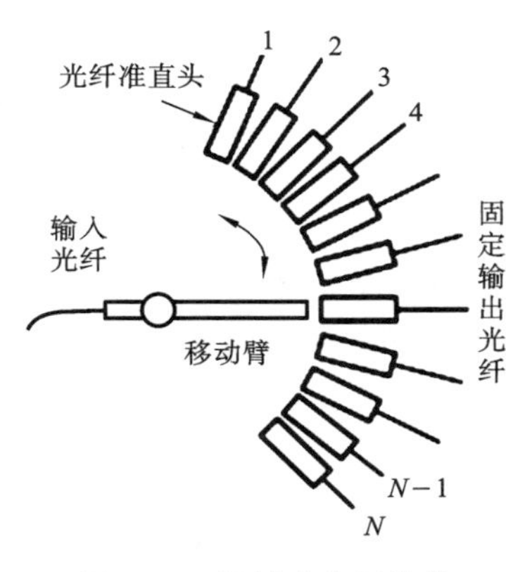

图 3-37 机械式光开关的结构示意图

② 电子式光开关

电子式光开关是利用磁光效应、电光效应或声光效应实现光路切换的器件。其优点是开关速度快，易于集成化；缺点是插入损耗大，串扰大，只适合单模光纤。

(3) 光开关主要性能参数

光开关主要性能参数有插入损耗、串扰和消光比等。

① 插入损耗

光开关的插入所引起的原始光功率的损耗，由输出光功率与平均输入光功率之比来表示。

② 串扰

输入光功率与从非导通端口输出的光功率的比值。

③ 消光比

两个端口处于导通和非导通状态的插入损耗之差。

④ 开关时间

开关端口从某一初状态转为通或者断所需的时间。从在开关上施加或撤去能量的时刻算起。

⑤ 回波损耗

反射回的光功率与输入光功率的比值。

笔记

任务实施

学习知识链接中的内容，了解光无源器件的种类及各自的结构、特性和应用。

任务检查与评价

任务完成情况的测评细则参见表 3-5。

表 3-5 项目 3 任务 5 测评细则

一级指标	比例	二级指标	比例	得分
熟悉光纤连接器、光衰减器的结构特征和工作原理	30%	1. 熟悉光纤连接器的结构特征和工作原理	10%	
		2. 熟悉光衰减器的结构特征和工作原理	10%	
		3. 了解光功率计	10%	

续表

一级指标	比例	二级指标	比例	得分
完成光衰减器衰减值的测量	60%	1. 掌握光功率计的使用方法	10%	
		2. 掌握光衰减器衰减值的测试方法	20%	
		3. 完成光衰减器衰减值的测试，并对实验数据进行记录和分析	30%	
职业素养与职业规范	10%	1. 计算机使用操作规范	4%	
		2. 实验室安全、整洁情况	3%	
		3. 团队分工协作情况	3%	

巩固与拓展

1. 巩固自测

通过本任务实施过程中知识链接的学习内容，完成题库中的练习。

笔记

题库 3-5

2. 任务拓展

学习环形器和滤波器。

任务指导 3-12　环形器和滤波器

项目 4

SDH 技术应用入门

SDH 的全称为同步数字传输体制，是一种传输的体制（协议），就像 PDH——准同步数字传输体制一样，SDH 规范了数字信号的帧结构、复用方式、传输速率等级、接口码型等特性。

任务 4-1　SDH 信号能跑多快

笔记

任务目标

- 掌握 SDH 产生的背景
- 了解 SDH 相较 PDH 拥有的优势
- 了解 SDH 的速率

任务描述

本任务通过理论知识的学习，了解当今信息社会高度发展的过程中，SDH 的产生背景，建立有关 SDH 的整体概念，为以后更深入的学习打下基础。

本任务旨在让学习者了解 SDH 的出现是为了解决 PDH 的诸多缺陷，培养学生分析问题、解决问题的思维。

知识链接

我们知道当今社会是信息社会，高度发达的信息社会要求通信网能提供多种多样的电信业务，通过通信网传输、交换、处理的信息量将不断增大，这就要求现代化的通信网向数字化、综合化、智能化和个人化方向发展。

1. SDH 产生的技术背景

传输系统是通信网的重要组成部分，传输系统的好坏直接制约着通信网的发展。当前世界各国大力发展的信息高速公路，其中一个重点就是组建大容量的传输光纤网络，不断提高传输线路上的信号速率，扩宽传输频带，就好比不断扩展一条能容纳大量车流的高速公路。同时，用户希望传输网能有世界范围的接口标准，实现我们这个地球村中的每一个用户随时随地的便捷通信。

传统的由 PDH 传输体制组建的传输网，由于其复用的方式很明显地不能满足信号大容量传输的要求，PDH 体制的地区性规范也使网络互联增加了难度，因此在通信网向大容量、标准化发展的今天，PDH 的传输体制已经愈来愈成为现代通信网的瓶颈，制约了传输网向更高的速率发展。

传统的 PDH 传输体制的缺陷体现在以下几个方面：

(1) 接口方面

只有地区性的电接口规范，不存在世界性标准。现有的 PDH 数字信号序列有三种信号速率等级：欧洲系列、北美系列和日本系列。各种信号系列电接口的速率等级、信号的帧结构以及复用方式均不相同，这种局面造成了国际互通的困难，不适应当前随时随地便捷通信的发展趋势。三种信号系列的电接口速率等级如图 4-1 所示。

笔记

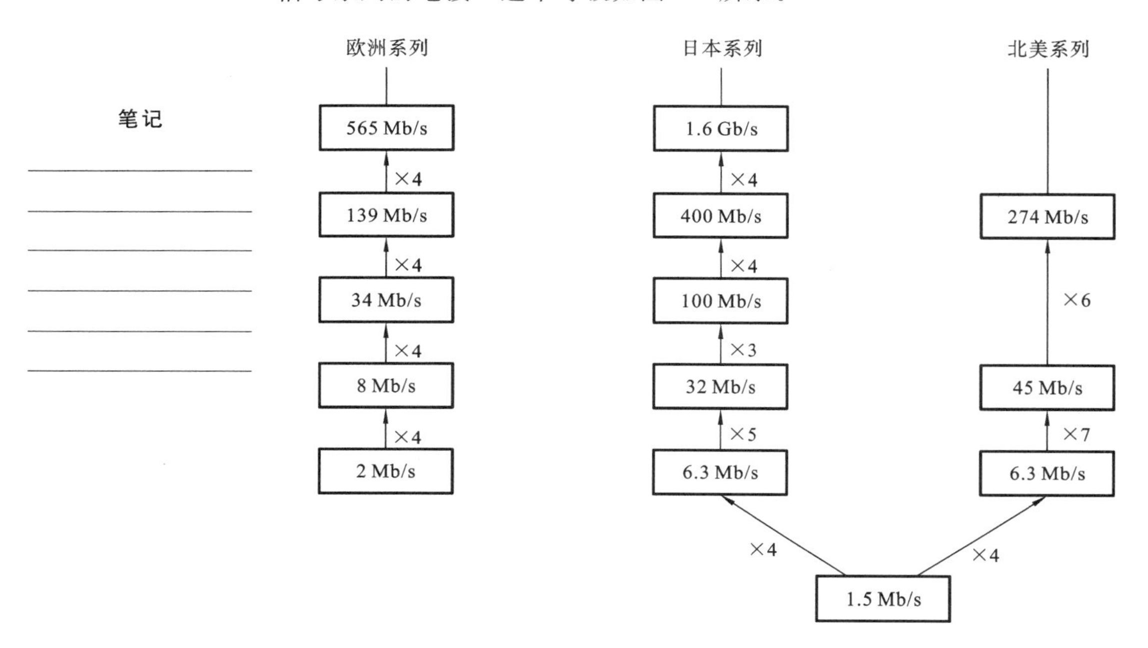

图 4-1　电接口速率等级图

没有世界性标准的光接口规范。为了完成设备对光路上的传输性能进行监控，各厂家各自采用自行开发的线路码型。典型的例子是 mBnB 码。其中 mB 为信息码，nB 是冗余码，冗余码的作用是实现设备对线路传输性能的监控功能。由于冗余码的接入使同一速率等级上光接口的信号速率大于电接口的标准信号速率，不仅增加了发光器的光功率代价，而且由于各厂家在进行线路编码时，为完成不同的线路监控功能，在信息码后会加上不同的冗余码，导致不同厂家同一速率等级的光接口码型和速率也不一样，致使不同厂家的设备无法实现横向兼容。这样在同一传输路线的两端必须采用同一厂家的设备，给组网、管理及网络互通带来困难。

(2) 复用方式

现在的PDH体制中,只有1.5 Mb/s和2 Mb/s速率的信号(包括日本系列6.3 Mb/s速率的信号)是同步的,其他速率的信号都是异步的,需要通过码速的调整来匹配和容纳时钟的差异。由于PDH采用异步复用方式,那么就导致当低速信号复用到高速信号时,其在高速信号的帧结构中的位置无规律性和固定性。也就是说在高速信号中不能确认低速信号的位置,而这一点正是无法从高速信号中直接分/插出低速信号的关键原因。正如你在一群人中寻找一个没见过的人时,若这一群人排成整齐的队列,那么你只要知道所要找的人站在这堆人中的第几排和第几列,就可以将他找出来。若这一群人杂乱无章地站在一起,想要找到你想找的人,就只能一个一个地按照片去寻找了。

既然PDH采用异步复用方式,那么从PDH的高速信号中就不能直接地分/插出低速信号,例如,不能从140 Mb/s的信号中直接分/插出2 Mb/s的信号。这就会引起两个问题:

① 从高速信号中分/插出低速信号要一级一级地进行。例如,从140 Mb/s的信号中分/插出2 Mb/s低速信号要经过图4-2所示的过程。

笔记

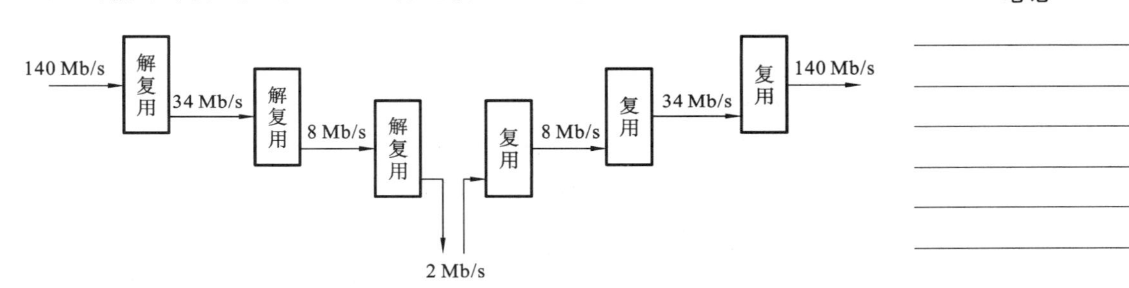

图4-2 从140 Mb/s信号分插出2 Mb/s信号示意图

从图4-2中可以看出,在将140 Mb/s信号分/插出2 Mb/s信号的过程中,使用了大量的“背靠背”设备。通过三级解复用设备从140 Mb/s的信号中分出2 Mb/s低速信号;再通过三级复用设备将2 Mb/s的低速信号复用到140 Mb/s信号中。一个140 Mb/s信号可复用进64个2 Mb/s信号,但是若再次仅仅从140 Mb/s信号中分/插一个2 Mb/s的信号,也需要全套的三级复用和解复用设备。这样不仅增加了设备的体积、成本、功耗,还增加了设备的复杂性,降低了设备的可靠性。

② 由于低速信号分/插到高速信号要通过层层的复用和解复用过程,这样就会使信号在复用/解复用过程中产生的损伤加大,使传输性能劣化,在大容量传输时,这个缺点是不能容忍的。这也就是为什么PDH体制传输信号的速率没有更进一步提高的原因。

(3) 运行维护方面

PDH信号的帧结构里用于运行维护工作(OAM)的开销字节不多,这也就是为什么在设备进行光路上的线路编码时,要通过增加冗余编码来完成线路性能监控功能。由于 PDH 信号运行维护工作的开销字节少,因此对完成传输网的分层管理、性能监控、业务的实时调度、传输带宽的控制、告警的分析定位是很不利的。

(4) 没有统一的网管接口

由于没有统一的网管接口,这就使你买一套某厂家的设备,就需买一套该厂家的网管系统。容易形成网络的七国八制的局面,不利于形成统一的电信管理网。

由于以上种种缺陷,PDH 传输体制越来越不适应传输网的发展,于是美国贝尔通信研究所首先提出了用一整套分等级的标准数字传递结构组成的同步网络(SONET)体制。CCITT 于 1988 年接受了 SONET 概念,并重命名为同步数字体系(SDH),使其成为不仅适用于光纤传输,也适用于微波和卫星传输的通用技术体制。本课程主要讲述 SDH 体制在光纤传输网上的应用。

2. 与 PDH 相比 SDH 的优势

SDH 传输体制是由 PDH 传输体制进化而来的,因此它具有 PDH 体制所无可比拟的优点,它是不同于 PDH 体制的全新的一代传输体制,在技术体制上进行了根本的变革。

笔记

首先,我们先谈一谈 SDH 的基本概念。SDH 概念的核心是从统一的国家电信网和国际互通的高度来组建数字通信网,是构成综合业务数字网(ISDN),特别是宽带综合业务数字网(B-ISDN)的重要组成部分。那么怎样理解这个概念呢? 与传统的 PDH 体制不同,按 SDH 组建的网络是一个高度统一的、标准化的、智能化的网络。它采用全球统一的接口以实现设备多厂家环境的兼容,在全程全网范围实现高效的协调一致的管理和操作,实现灵活的组网与业务调度,实现网络自愈功能,提高网络资源利用率。并且由于维护功能的加强大大降低了设备的运行维护费用。

下面我们就 SDH 所具有的优势(可以算是 SDH 的特点吧),从以下几个方面进一步说明。注意与 PDH 体制相对比。

(1) 接口方面

① 电接口方面

接口的规范化与否是决定不同厂家的设备能否互联的关键。SDH 体制对网络节点接口(NNI)作了统一的规范。规范的内容有数字信号速率等级、帧结构、复接方法、线路接口、监控管理等。这就使 SDH 设备容易实现多厂家互联,也就是说在同一传输线路上可以安装不同厂家的设备,体现了横向兼容性。

SDH 体制有一套标准的信息结构等级,即有一套标准的速率等级。基本的信号传输结构等级是同步传输模块——STM-1,相应的速率是 155 Mb/s。高等级的数字信号系列如:622 Mb/s(STM-4)、2.5 Gb/s(STM-16)等,是通过将低速率等级的信息模块(如 STM-1)通过字节间插同步复接而成的,复接的个数是 4 的倍数,例如,STM-4=4×STM-1,STM-16=4×STM-4。

② 光接口方面

线路接口(这里指光口)采用世界性统一标准规范,SDH 信号的线路编码仅对信号进行扰码,不再进行冗余码的插入。扰码的标准是世界统一的,这样对端设备仅需通过标准的解码器就可与不同厂家 SDH 设备进行光口互联。扰码的目的是抑制线路码中的长连"0"和长连"1",便于从线路信号中提取时钟信号。由于线路信号仅进行扰码,所以 SDH 的线路信号速率与 SDH 电口标准信号速率相一致,这样就不会增加发端激光器的光功率代价。

(2) 复用方式

由于低速 SDH 信号是以字节间插方式复用进高速 SDH 信号的帧结构中的,这样就使低速 SDH 信号在高速 SDH 信号的帧中的位置是固定的、有规律的,也就是说是可预见的。这样就能从高速 SDH 信号如 2.5 Gb/s(STM-16)中直接分/插出低速 SDH 信号如 155 Mb/s(STM-1),从而简化了信号的复接和分接,使 SDH 体制特别适合于高速大容量的光纤通信系统。

另外,由于采用了同步复用方式和灵活的映射结构,可将 PDH 低速支路信号(如 2 Mb/s)复用进 SDH 信号的帧中去(STM-*N*),这样使低速支路信号在 STM-*N* 帧中的位置也是可预见的,于是可以从 STM-*N* 信号中直接分/插出低速支路信号。注意此处不同于前面所说的从高速 SDH 信号中直接分插出低速 SDH 信号,此处是指从 SDH 信号中直接分/插出低速支路信号,如 2 Mb/s、34 Mb/s 与 140 Mb/s 等低速信号。于是节省了大量的复接/分接设备(背靠背设备),增加了可靠性,减少了信号损伤、设备成本、功耗、复杂性等,使业务的上、下更加简便。

SDH 的这种复用方式使数字交叉连接(DXC)功能更易于实现,使网络具有很强的自愈功能,便于用户按需动态组网,实现灵活的业务调配。

笔记

3. SDH 的缺陷所在

凡事有利就有弊,SDH 的这些优点是以牺牲其他方面为代价的。

(1) 频带利用率低

我们知道有效性和可靠性是一对矛盾的属性,增加了有效性必将降低可靠性,增加可靠性也会相应地使有效性降低。例如,收音机的选择性增加,可选的电台就增多,这样就提高了选择性。但是由于这时通频带相应的会变窄,必然会使音质下降,也就是可靠性下降。相应的,SDH 的一个很大优势是系统的可靠性大大的增强了(运行维护的自动化程度高),这是由于在 SDH 的信号——STM-*N* 帧中加入了大量的用于 OAM 功能的开销字节,这样必然会使在传输同样多有效信息的情况下,PDH 信号所占用的频带(传输速率)要比 SDH 信号所占用的频带(传输速率)窄,即 PDH 信号所用的速率低。例如,SDH 的 STM-1 信号可复用进 63 个 2 Mb/s 或 3 个 34 Mb/s(相当于 48×2 Mb/s)或 1 个 140 Mb/s(相当于 64×2 Mb/s)的 PDH 信号。只有当 PDH 信号是以 140 Mb/s 的信号复用进 STM-1 信号的帧时,STM-1 信号才能容纳 64×2 Mb/s 的信息量,但此时它的信号速率是 155 Mb/s,速率要高于 PDH 同样信息容量的 E4 信号(140 Mb/s)。也就是说,STM-1 所占用的传输频带要大于 PDH E4 信号的传输频带(二者的信息容量是一样的)。

(2) 指针调整机理复杂

SDH 体制可从高速信号(如 STM-1)中直接下低速信号(如 2 Mb/s),省去了多级复用/解复用过程。而这种功能的实现是通过指针机理来完成的,指针的作用就是时刻指示低速信号的位置,以便在“拆包”时能正确地拆分出所需的低速信号,保证了 SDH 从高速信号中直接下低速信号的功能的实现。可以说指针是 SDH 的一大特色。

但是指针功能的实现增加了系统的复杂性。最重要的是使系统产生 SDH 的一种特有抖动——由指针调整引起的结合抖动。这种抖动多发于网络边界处(SDH/PDH),其频率低、幅度大,会导致低速信号在拆出后性能劣化,这种抖动的滤除会相当困难。

(3) 软件的大量使用对系统安全性的影响

SDH 的一大特点是 OAM 的自动化程度高,这也意味着软件在系统中占用相当大的比重,这就使系统很容易受到计算机病毒的侵害,特别是在计算机病毒无处不在的今天。另外,在网络层上人为的错误操作、软件故障,对系统的影响也是致命的。这样,系统的安全性就成了很重要的一个方面。

SDH 体制是一种在发展中不断成熟的体制,尽管还有这样那样的缺陷,但它已在传输网的发展中显露出强大的生命力,传输网将从 PDH 过渡到 SDH 是一个不争的事实。

笔记

任务实施

步骤一 学习知识链接中的内容,了解传输 SDH 速率。

步骤二 学习 ITU-T SDH 标准列表文档,了解 SDH 体系相关标准。

任务指导 4-1 ITU-T SDH 标准列表

任务检查与评价

任务完成情况的测评细则参见表 4-1。

表 4-1 项目 4 任务 1 测评细则

一级指标	比例	二级指标	比例	得分
了解 SDH 产生背景	20%	1. 了解信息化社会通信需求	10%	
		2. 能举例列举通信现状	10%	

续表

一级指标	比例	二级指标	比例	得分
SDH 与 PDH 的区别	40%	1. PDH 局限性	20%	
		2. SDH 优势	20%	
掌握 SDH 业务速率	40%	1. SDH 业务速率	20%	
		2. SDH 业务复用关系	20%	

巩固与拓展

1. 巩固自测

通过本任务实施过程中的学习内容,完成题库中的练习。

题库 4-1

2. 任务拓展

学习 SDH 信号业务速率文档。

任务指导 4-2　SDH 信号速率

笔记

任务 4-2　SDH 怎么工作

任务目标

- 掌握 STM-*N* 信号的帧结构(以 STM-1 信号的帧结构为例)
- 掌握 STM-*N* 信号帧中各部分结构所起的大致作用
- 掌握 2 Mb/s、34 Mb/s、140 Mb/s 复用进 STM-*N* 信号的全过程

任务描述

本任务通过知识链接的学习,配合 SDH 映射和复用视频了解 SDH 是一整套可进行同步数字传输、复用和交叉连接的标准化数字信号的等级结构。

让学者深入了解规范的数字信号的帧结构、复用方式、传输速率等级、接口码型等关键技术，SDH 网络是由一些 SDH 网元(NE)组成的，在光网络上进行信息的传输，培养其专业认知和职业素养。

知识链接

1. SDH 信号的结构

STM-*N* 信号的帧结构的安排应尽可能使支路低速信号在一帧内均匀地、有规律地排列，便于实现支路低速信号的分/插、复用和交换，也就是从高速 SDH 信号中直接上/下低速支路信号。鉴于此，ITU-T 规定了 STM-*N* 的帧是以字节(8 bit)为单位的矩形块状帧结构，如图 4-3 所示。

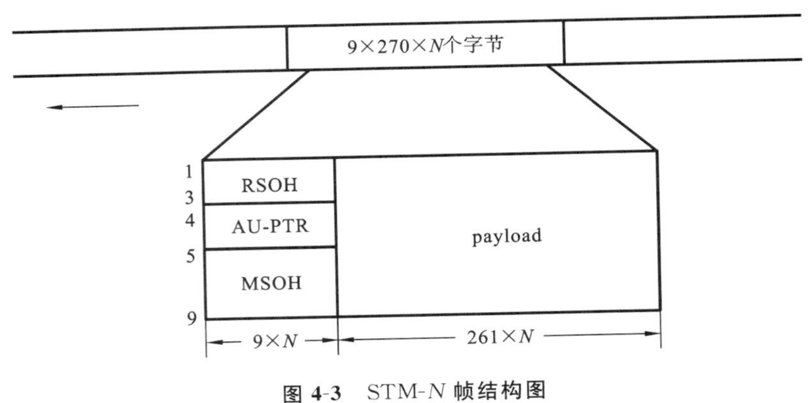

图 4-3 STM-*N* 帧结构图

笔记

从图 4-3 可以看出，STM-*N* 的信号是 9 行×270×*N* 列的帧结构。此处的 *N* 与 STM-*N* 的 *N* 相一致，取值为：1，4，16，64，…，表示此信号由 *N* 个 STM-1 信号通过字节间插复用而成。由此可知，STM-1 信号的帧结构是 9 行×270 列的块状帧，当 *N* 个 STM-1 信号通过字节间插复用成 STM-*N* 信号时，仅仅是将 STM-1 信号的列按字节间插复用，行数恒定为 9 行。

因为信号在线路上是一个比特一个比特地进行传输的，所以 STM-*N* 信号的传输也遵循按比特的传输方式。

SDH 信号帧传输的原则是：帧结构中的字节(8 bit)从左到右、从上到下一个字节一个字节(一个比特一个比特)地传输，传完一行再传下一行，传完一帧再传下一帧。

ITU-T 规定对于任何级别的 STM-*N* 帧，帧频是 8000 帧/秒，也就是帧长或帧周期为恒定的 125 μs。

帧周期的恒定是 SDH 信号的一大特点，任何级别的 STM-*N* 帧的帧频都是 8000 帧/秒。帧周期的恒定使 STM-*N* 信号的传输速率有其规律。例如，STM-4 的传输速率恒定地等于 STM-1 信号传输速率的 4 倍，STM-16 的恒定等于 STM-4 的 4 倍，等于 STM-1 的 16 倍。而 PDH 中的 E2 信号速率不等于 E1 信号速率的 4 倍。SDH 信号的这种规律使由高速 SDH 信号直接分/插出低速 SDH 信号成为可能，特别适用于大容量的传输情况。

从图4-3可以看出，STM-N的帧结构由三部分组成：段开销，包括再生段开销(RSOH)和复用段开销(MSOH)；管理单元指针(AU-PTR)；信息净负荷(payload)。下面我们讲述这三大部分的功能。

(1) 信息净负荷(payload)

信息净负荷是在STM-N帧结构中存放将由STM-N传送的各种信息码块的地方。信息净负荷区相当于STM-N这辆运货车的车箱，车箱内装载的货物就是经过打包的低速信号——待运输的货物。为了实时监测货物(打包的低速信号)在传输过程中的损坏情况，在将低速信号打包的过程中加入了监控开销字节——通道开销(POH)字节。POH作为净负荷的一部分与信息码块一起装载在STM-N这辆货车上在SDH网中传送，它负责对打包的货物(低速信号)进行通道性能监视、管理和控制(有点儿类似于传感器)。

(2) 段开销(SOH)

段开销是为了保证信息净负荷正常、灵活传送所必须附加的供网络运行、管理和维护(OAM)使用的字节。例如，段开销可对STM-N这辆运货车中的所有货物在运输中是否有损坏进行监控，而POH的作用是当车上有货物损坏时，通过它来判定具体是哪一件货物出现损坏。也就是说，SOH完成对货物整体的监控，POH是对某一件特定的货物进行监控。当然，SOH和POH还有一些管理功能。

笔记

段开销又分为再生段开销(RSOH)和复用段开销(MSOH)，分别对相应的段层进行监控。我们讲过，段其实也相当于一条大的传输通道，RSOH和MSOH的作用也就是对这一条大的传输通道进行监控。

RSOH和MSOH二者的区别在于监管的范围不同。例如，光纤上传输的是2.5 G信号，那么，RSOH监控的是STM-16整体的传输性能，而MSOH则是监控STM-16信号中每一个STM-1的性能情况。

再生段开销在STM-N帧中的位置是第1到第3行的第1到第$9\times N$列，共$3\times 9\times N$个字节；复用段开销在STM-N帧中的位置是第5到第9行的第1到第$9\times N$列，共$5\times 9\times N$个字节。与PDH信号的帧结构相比较，段开销丰富是SDH信号帧结构的一个重要的特点。

(3) 管理单元指针(AU-PTR)

管理单元指针位于STM-N帧中第4行的$9\times N$列，共$9\times N$个字节，AU-PTR起什么作用呢？我们讲过SDH能够从高速信号中直接分/插出低速支路信号(如2 Mb/s)，为什么会这样呢？这是因为低速支路信号在高速SDH信号帧中的位置有预见性，也就是有规律性。预见性的实现就在于SDH帧结构中指针开销字节功能。AU-PTR是用来指示信息净负荷的第一个字节在STM-N帧内的准确位置的指示符，以便收端能根据这个位置指示符的值(指针值)正确分离信息净负荷。这句话怎样理解呢？若仓库中以堆为单位存放了很多货物，每堆货物中的各件货物(低速支路信号)的摆放是有规律性的(字节间插复用)，那么若要定位仓库中某件货物的位置就只要知道这堆货物的具体位置就可以了。也就是说只要知道这堆货物的第一件货物放在哪儿，然后通过本堆货物摆放位置的规律性，就可以直接定位出本堆货物中任一件货物的准确位置，这样就可以直接从仓库中搬运(直接分/插)某一件特定货物(低速支路信号)。AU-PTR 的作用就是指示这堆货物中第一件货物的位置。

其实指针有高、低阶之分，高阶指针是 AU-PTR，低阶指针是 TU-PTR(支路单元指针)，TU-PTR 的作用类似于 AU-PTR，只不过所指示的货物堆更小一些而已。

2. SDH 的复用结构和步骤

SDH 的复用包括两种情况：一种是低阶的 SDH 信号复用成高阶 SDH 信号；另一种是低速支路信号(如 2 Mb/s、34 Mb/s、140 Mb/s)复用成 SDH 信号 STM-N。

第一种情况在前面已有所提及，复用主要通过字节间插复用方式来完成，复用的个数是四合一，即 4×STM-1→STM-4，4×STM-4→STM-16。在复用过程中保持帧频不变(8000 帧/秒)，这就意味着高一级的 STM-N 信号速率是低一级的 STM-N 信号速率的 4 倍。在进行字节间插复用过程中，各帧的信息净负荷和指针字节按原值进行间插复用，而段开销则会有些取舍。在复用成的 STM-N 帧中，SOH 并不是所有低阶 SDH 帧中的段开销间插复用而成，而是舍弃了一些低阶帧中的段开销，其具体的复用方法在下一节中讲述。

笔记

第二种情况用得最多的就是将 PDH 信号复用进 STM-N 信号中去。传统的将低速信号复用成高速信号的方法有两种。

(1) 比特塞入法(又叫码速调整法)

这种方法利用固定位置的比特塞入的指示来显示塞入的比特是否载有信号数据，允许被复用的净负荷有较大的频率差异(异步复用)。它的缺点是因为存在一个比特塞入和去塞入的过程(码速调整)，而不能将支路信号直接接入高速复用信号或从高速信号中分出低速支路信号，也就是说不能直接从高速信号中上/下低速支路信号，要一级一级地进行。这种比特塞入法就是 PDH 的复用方式。

(2) 固定位置映射法

这种方法利用低速信号在高速信号中的相对固定的位置来携带低速同步信号，要求低速信号与高速信号同步，也就是说帧频相一致。它的特点在于可方便地从高速信号中直接上/下低速支路信号，但当高速信号和低速信号间出现频差和相差(不同步)时，要用 125 μs(8000 帧/秒)缓存器来进行频率校正和相位对准，导致信号较大延时和滑动损伤。

从上面看出这两种复用方式都有一些缺陷，比特塞入法无法直接从高速信号中上/下低速支路信号；固定位置映射法引入的信号时延过大。

SDH 网的兼容性要求 SDH 的复用方式既能满足异步复用(如将 PDH 信号复用进 STM-N)，又能满足同步复用(如 STM-1→STM-4)，而且能方便地由高速 STM-N 信号分/插出低速信号，同时不造成较大的信号时延和滑动损伤，这就要求 SDH 需采用自己独特的一套复用步骤和复用结构。在这种复用结构中,通过指针调整定位技术来取代 125 μs 缓存器用以校正支路信号频差和实现相位对准,各种业务信号复用进 STM-*N* 帧的过程都要经历映射(相当于信号打包)、定位(相当于指针调整)、复用(相当于字节间插复用)三个步骤。

ITU-T 规定了一整套完整的复用结构(也就是复用路线),通过这些路线可将 PDH 的 3 个系列的数字信号以多种方法复用成 STM-*N* 信号。ITU-T 规定的复用路线如图 4-4 所示。

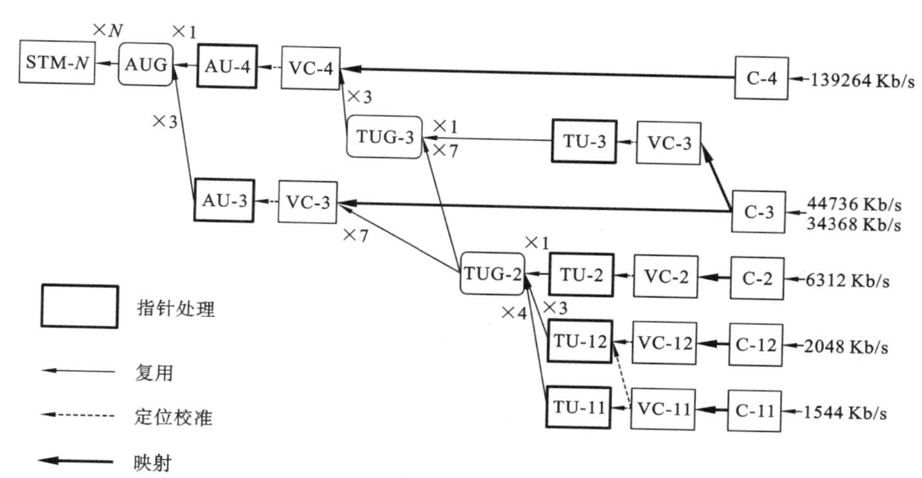

图 4-4　SDH **复用映射结构**

从图 4-4 可以看到,此复用结构包括了一些基本的复用单元:C——容器、VC——虚容器、TU——支路单元、TUG——支路单元组、AU——管理单元、AUG——管理单元组,这些复用单元的标号表示与此复用单元相应的信号级别。在图中从一个有效负荷到 STM-*N* 的复用路线不是唯一的,有多条路线(也就是说有多种复用方法)。例如,2 Mb/s 的信号有两条复用路线,也就是说可用两种方法复用成 STM-*N* 信号。不知你注意到没有,8 Mb/s 的 PDH 信号是无法复用成 STM-*N* 信号的。

尽管一种信号复用成 SDH 的 STM-*N* 信号的路线有多种,但是对于一个国家或地区则必须使复用路线唯一化。我国的光同步传输网技术体制规定了以 2 Mb/s 信号为基础的 PDH 系列作为 SDH 的有效负荷,并选用 AU-4 的复用路线,其结构如图 4-5 所示。

从 2 Mb/s 复用进 STM-*N* 信号的复用步骤可以看出 3 个 TU-12 复用成一个 TUG-2,7 个 TUG-2 复用成一个 TUG-3,3 个 TUG-3 复用进一个 VC-4,一个 VC-4 复用进 1 个 STM-1,也就是说 2 Mb/s 的复用结构是 3—7—3 结构。由于复用的方式是字节间插方式,所以在一个 VC-4 中的 63 个 VC-12 的排列方式不是按顺序来排列的。头一个 TU-12 的序号和紧跟其后的 TU-12 的序号相差 21。

有个计算同一个 VC-4 中不同位置 TU-12 的序号的公式:

VC-12 序号＝TUG-3 编号＋(TUG-2 编号—1)×3＋(TU-12 编号—

笔记

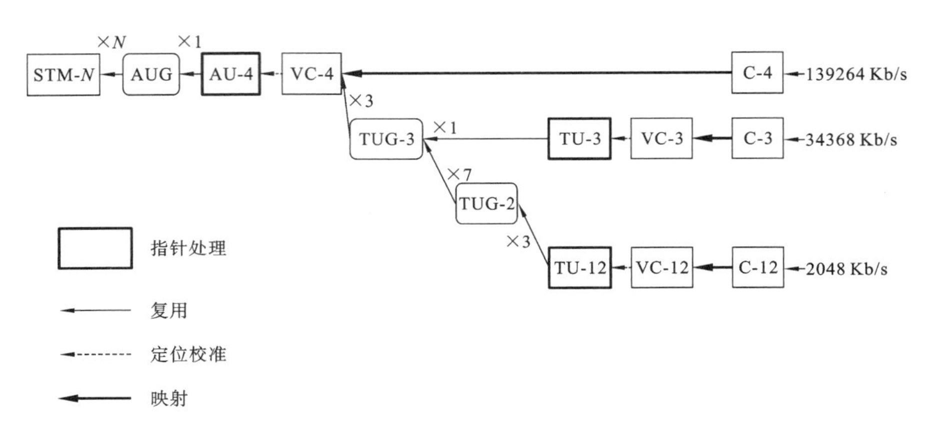

图 4-5　我国的 SDH 基本复用映射结构

1)×21。TU-12 的位置在 VC-4 帧中相邻是指 TUG-3 编号相同，TUG-2 编号相同，而 TU-12 编号相差为 1 的两个 TU-12。

这个公式在用 SDH 传输分析仪进行相关测试时会用得到。想想看序号相邻的两个 TU-12 在 VC-4 帧中的排列位置有何共性？

注：此处的编号是指 VC-4 帧中的位置编号，TUG-3 编号范围：1～3；TUG-2 编号范围：1～7；TU-12 编号范围：1～3。TU-12 序号是指本 TU-12 是 VC-4 帧 63 个 TU-12 中按复用先后顺序的第几个 TU-12，如图 4-6 所示。

笔记

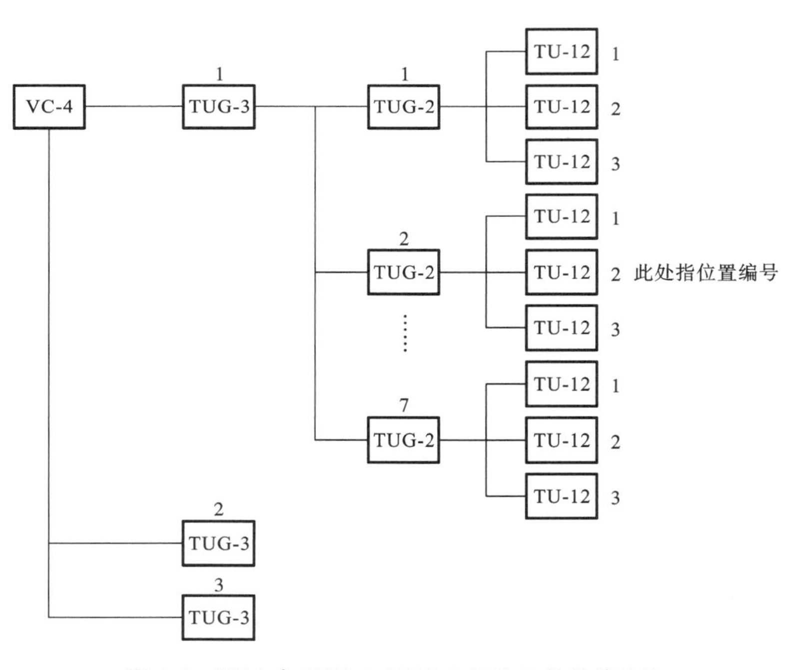

图 4-6　VC-4 中 TUG-3、TUG-2、TU-12 的排放结构

以上讲述了中国所使用的 PDH 数字系列复用到 STM-N 帧中的方法和步骤，对这方面的内容希望你能理解，因为它是你以后提高维护设备能

力的最基本的知识，也是接下来深入学习SDH原理的基础。

3. 映射、定位和复用的概念

在将低速支路信号复用成STM-*N*信号时，要经过3个步骤：映射、定位、复用。

定位是指通过指针调整，使指针的值时刻指向低阶VC帧的起点在TU净负荷中或高阶VC帧的起点在AU净负荷中的具体位置，使收端能据此正确地分离相应的VC，这部分内容在下一节中将详细论述。

复用的概念比较简单，复用是一种使多个低阶通道层的信号适配进高阶通道层(如TU-12(×3)→TUG-2(×7)→TUG-3(×3)→VC-4)或把多个高阶通道层信号适配进复用层的过程(如AU-4(×1)→AUG(×*N*)→STM-*N*)。复用也就是通过字节间插方式把TU组织进高阶VC或把AU组织进STM-*N*的过程。由于经过TU和AU指针处理后的各VC支路信号已相位同步，因此该复用过程是同步复用，复用原理与数据的串并变换相类似。

映射是一种在SDH网络边界处(如SDH/PDH边界处)，将支路信号适配进虚容器的过程。像我们经常使用的将各种速率(140 Mb/s、34 Mb/s、2 Mb/s)信号先经过码速调整，分别装入各自相应的标准容器中，再加上相应的低阶或高阶的通道开销，形成各自相对应的虚容器的过程。

为了适应各种不同的网络应用情况，有异步、比特同步、字节同步三种映射方法与浮动VC、锁定TU两种模式。

(1) 异步映射

异步映射对映射信号的结构无任何限制(信号有无帧结构均可)，也无须与网络同步(如PDH信号与SDH网不完全同步)。例如，利用码速调整将信号适配进VC的映射方法。在映射时通过比特塞入将信号打包成与SDH网络同步的VC信息包，在解映射时，去除这些塞入比特，恢复出原信号的速率，也就是恢复出原信号的定时。因此说低速信号在SDH网中传输有定时透明性，即在SDH网边界处收发两端的此信号速率相一致(定时信号相一致)。

此种映射方法可从高速信号(STM-*N*)中直接分/插出一定速率级别的低速信号(如2 Mb/s、34 Mb/s、140 Mb/s)。因为映射的最基本的不可分割单位是这些低速信号，所以分/插出来的低速信号的最低级别也就是相应的这些速率级别的低速信号。

(2) 比特同步映射

此种映射对支路信号的结构无任何限制，但要求低速支路信号与网同步(如E1信号保证8000帧/秒)，无须通过码速调整即可将低速支路信号打包成相应的VC的映射方法，注意：VC时刻都是与网同步的。原则上讲此种映射方法可从高速信号中直接分/插出任意速率的低速信号，因为在STM-*N*信号中可精确定位到VC。由于此种映射是以比特为单位的同步映射，因此在VC中可以精确定位到你所要分/插的低速信号具体的那一个比特的位置上，这样理论上就可以分/插出所需的那些比特，由此根据所

笔记

需分/插的比特不同,可上/下不同速率的低速支路信号。异步映射将低速支路信号定位到 VC 一级后就不能再深入细化定位了,所以拆包后只能分出 VC 相应速率级别的低速支路信号。比特同步映射类似于将以比特为单位的低速信号(与网同步)进行比特间插复用进 VC 中,在 VC 中每个比特的位置是可预见的。

(3) 字节同步映射

字节同步映射是一种要求映射信号具有以字节为单位的块状帧结构,并与网同步,不需任何速率调整即可将信息字节装入 VC 内规定位置的映射方式。在这种情况下,信号的每一个字节在 VC 中的位置是可预见的(有规律性),也就相当于将信号按字节间插方式复用进 VC 中,那么从 STM-N 中可直接下 VC,而在 VC 中由于各字节位置的可预见性,可直接提取出指定的字节。所以,此种映射方式可以直接从 STM-N 信号中上/下 64 Kb/s 或 $N\times64$ Kb/s 的低速支路信号。为什么呢?因为 VC 的帧频是 8000 帧/秒,而一个字节为 8 bit,若从每个 VC 中固定地提取 N 个字节的低速支路信号,那么该信号速率就是 $N\times64$ Kb/s。

(4) 浮动 VC 模式

笔记

浮动 VC 模式指 VC 净负荷在 TU 内的位置不固定,由 TU-PTR 指示 VC 起点的一种工作方式。它采用了 TU-PTR 和 AU-PTR 两层指针来容纳 VC 净负荷与 STM-N 帧的频差和相差,引入的信号时延最小(约 10 μs)。

采用浮动模式时,VC 帧内可安排 VC-POH,进行通道级别的端对端性能监控。三种映射方法都能以浮动模式工作。前面讲的映射方法:2 Mb/s、34 Mb/s、140 Mb/s 映射进相应的 VC,就是异步映射浮动模式。

(5) 锁定 TU 模式

锁定 TU 模式是一种信息净负荷与网同步并处于 TU 帧内的固定位置,因而不需 TU-PTR 来定位的工作模式。PDH 基群只有比特同步和字节同步两种映射方法能采用锁定模式。

锁定模式省去了 TU-PTR,且在 TU 和 TUG 内无 VC-POH,采用 125 μs 的滑动缓存器使 VC 净负荷与 STM-N 信号同步。这样引入信号时延大,且不能进行端对端的通道级别的性能监测。

综上所述,三种映射方法和两类工作模式共可组合成五种映射方式,我们着重讲一讲当前最通用的异步映射浮动模式的特点。

异步映射浮动模式最适用于异步/准同步信号映射,包括将 PDH 通道映射进 SDH 通道的应用,能直接上/下低速 PDH 信号,但是不能直接上/下 PDH 信号中的 64 Kb/s 信号。异步映射接口简单,引入映射时延小,可适应各种结构和特性的数字信号,是一种最通用的映射方式,也是 PDH 向 SDH 过渡期内必不可少的一种映射方式。当前各厂家的设备绝大多数采用的是异步映射浮动模式。

浮动字节同步映射接口复杂但能直接上/下 64 Kb/s 和 $N\times64$ Kb/s 信号,主要用于不需要一次群接口的数字交换机互联和两个需直接处理 64 Kb/s 和 $N\times64$ Kb/s 业务的节点间的 SDH 连接。

任务实施

步骤一 学习知识链接中的内容，了解SDH信号的映射复用。

步骤二 学习SDH帧结构视频微课，巩固本次任务中需要掌握的知识重点。

任务指导4-3 SDH帧结构

任务检查与评价

任务完成情况的测评细则参见表4-2。

表4-2 项目4任务2测评细则

一级指标	比例	二级指标	比例	得分
SDH与PDH的差异	30%	1. 了解PDH传输技术缺陷	10%	
		2. 了解SDH传输技术优势	10%	
		3. 了解SDH与PDH技术差异	10%	
SDH传输技术	60%	1. SDH帧结构	30%	
		2. SDH的复用结构和步骤	30%	
职业素养与职业规范	10%	1. 计算机使用操作规范	4%	
		2. 实验室安全、整洁情况	3%	
		3. 团队分工协作情况	3%	

笔记

巩固与拓展

1. 巩固自测

通过本任务实施过程中知识链接的学习内容，完成题库中的练习。

题库4-2

2. 任务拓展

学习SDH复用映射视频，巩固SDH业务复用映射知识。

任务指导4-4 SDH复用映射

任务 4-3　认识 SDH 设备模型

任务目标

- 了解 SDH 传输网的常见网元类型和基本功能
- 掌握组成 SDH 设备的基本逻辑功能块的功能
- 掌握辅助功能块和复合功能块的功能

任务描述

本任务通过知识链接的学习，配合 SDH 网络的常见网元视频，完成对 SDH 设备模型的学习。

让学习者了解 SDH 传输网的基本网元类型和基本功能，同时根据设备的逻辑功能进一步掌握不同的网元 SDH 网的传送功能，让学生体会到专业知识的运用之美，激发学生的兴趣。

笔记

知识链接

1. SDH 网络的常见网元

SDH 传输网是由不同类型的网元通过光缆线路的连接组成的，通过不同的网元完成 SDH 网的传送功能：上/下业务、交叉连接业务、网络故障自愈等。下面介绍 SDH 网中常见网元的特点和基本功能。

(1) TM——终端复用器

终端复用器用在网络的终端站点上，如一条链的两个端点上，它是一个双端口器件，如图 4-7 所示。

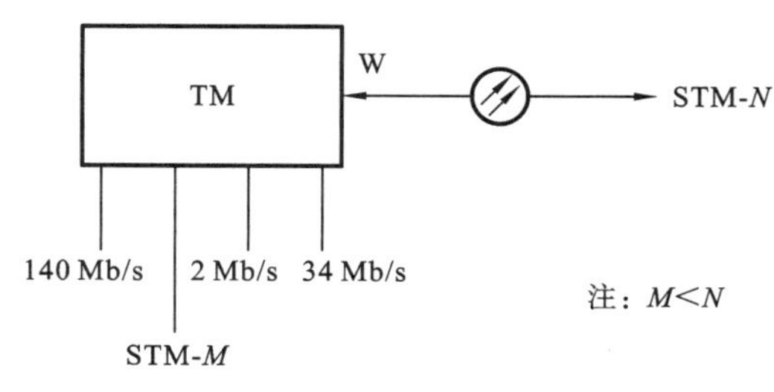

图 4-7　TM **模型**

终端复用器的作用是将支路端口的低速信号复用到线路端口的高速信号 STM-N 中，或从 STM-N 的信号中分出低速支路信号。请注意它的线路端口输入/输出一路 STM-N 信号，而支路端口却可以输出/输入多路低速支路信号。在将低速支路信号复用进 STM-N 帧(将低速信号复用到线路)上时，有一个交叉的功能，例如，可将支路的一个 STM-1 信号复用进线路上的 STM-16 信号中的任意位置上，也就是指复用在 1～16 个 STM-1

的任一个位置上。将支路的 2 Mb/s 信号可复用到一个 STM-1 中 63 个 VC-12 的任一个位置上去。TM 的线路端口(光口)一般是以西向端口默认表示的。

(2) ADM——分/插复用器

分/插复用器用于 SDH 传输网络的转接站点处,如链的中间节点或环上节点,是 SDH 网上使用最多、最重要的一种网元,它是一个三端口的器件,如图 4-8 所示。

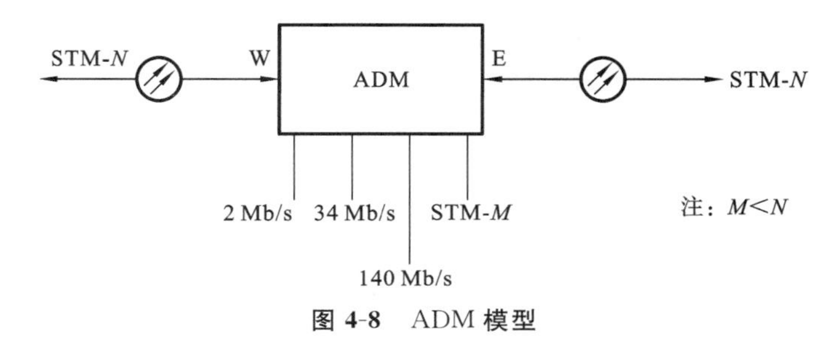

图 4-8　ADM 模型

ADM 有两个线路端口和一个支路端口。两个线路端口各接一侧的光缆(每侧收/发共两根光纤),为了描述方便我们将其分为西向(W)、东向(E)两个线路端口。ADM 的作用是将低速支路信号交叉复用进东或西向线路上去,或从东或西侧线路端口收的线路信号中拆分出低速支路信号。

ADM 是 SDH 最重要的一种网元,通过它可等效成其他网元,即能完成其他网元的功能,例如,一个 ADM 可等效成两个 TM。

(3) REG——再生中继器

光传输网的再生中继器有两种:一种是纯光的再生中继器,主要进行光功率放大以延长光传输距离;另一种是用于脉冲再生整形的电再生中继器,主要通过光/电变换、电信号抽样、判决、再生整形、电/光变换,以达到不积累线路噪声,保证线路上传送信号波形的完好性的目的。此处讲的是后一种再生中继器,REG 是双端口器件,只有两个线路端口——W、E,如图 4-9 所示。

图 4-9　电再生中继器

它的作用是将 W 或 E 侧的光信号经光/电变换、抽样、判决、再生整形、电/光变换后在 E 或 W 侧发出。注意到,REG 与 ADM 相比仅少了支路端口,所以 ADM 若本地不上/下话路(支路不上/下信号)时完全可以等效一个 REG。

真正的 REG 只需处理 STM-*N* 帧中的 RSOH,且不需要交叉连接功能(W—E 直通即可),而 ADM 和 TM 因为要完成将低速支路信号分/插到 STM-*N* 中,所以不仅要处理 RSOH,而且还要处理 MSOH;另外 ADM

笔记

和 TM 都具有交叉复用能力(有交叉连接功能),因此用 ADM 来等效 REG 有点大材小用了。

(4) DXC——数字交叉连接设备

数字交叉连接设备主要完成 STM-N 信号的交叉连接功能,它是一个多端口器件,实际上相当于一个交叉矩阵,完成各个信号间的交叉连接,如图 4-10 所示。

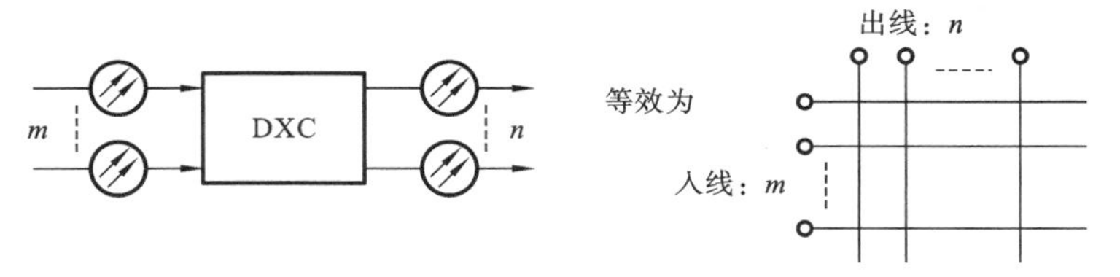

图 4-10 DXC **功能图**

DXC 可将输入的 m 路 STM-N 信号交叉连接到输出的 n 路 STM-N 信号上,图 4-10 表示有 m 条入光纤和 n 条出光纤。DXC 的核心是交叉连接,功能强的 DXC 能完成高速(如 STM-16)信号在交叉矩阵内的低级别交叉(如 VC-12 级别的交叉)。

笔记

2. SDH 设备的逻辑功能块

我们知道 SDH 体制要求不同厂家的产品实现横向兼容,这就必然会要求设备的实现要按照标准的规范,而不同厂家的设备千差万别,那么怎样才能实现设备的标准化,以达到互联的要求呢?

ITU-T 采用功能参考模型的方法对 SDH 设备进行规范,它将设备所应完成的功能分解为各种基本的标准功能块,功能块的实现与设备的物理实现无关(以哪种方法实现不受限制),不同的设备由这些基本的功能块灵活组合而成,以完成设备不同的功能。通过基本功能块的标准化,来规范设备的标准化,同时也使规范具有普遍性,叙述清晰简单。

下面以一个 TM 设备的典型功能块组成,来介绍各个基本功能块的作用,应该特别注意掌握每个功能块所监测的告警、性能事件及其检测机理,如图 4-11 所示。

为了更好地理解图 4-11,对图中出现的功能块名称说明如下。

SPI:SDH 物理接口
RST:再生段终端
MST:复用段终端
MSP:复用段保护
MSA:复用段适配
PPI:PDH 物理接口
LPA:低阶通道适配
LPT:低阶通道终端
LPC:低阶通道连接
HPA:高阶通道适配
HPT:高阶通道终端
TTF:传送终端功能
HOI:高阶接口
LOI:低阶接口
HOA:高阶组装器
HPC:高阶通道连接
OHA:开销接入功能
SEMF:同步设备管理功能
MCF:消息通信功能
SETS:同步设备时钟源
SETPI:同步设备定时物理接口

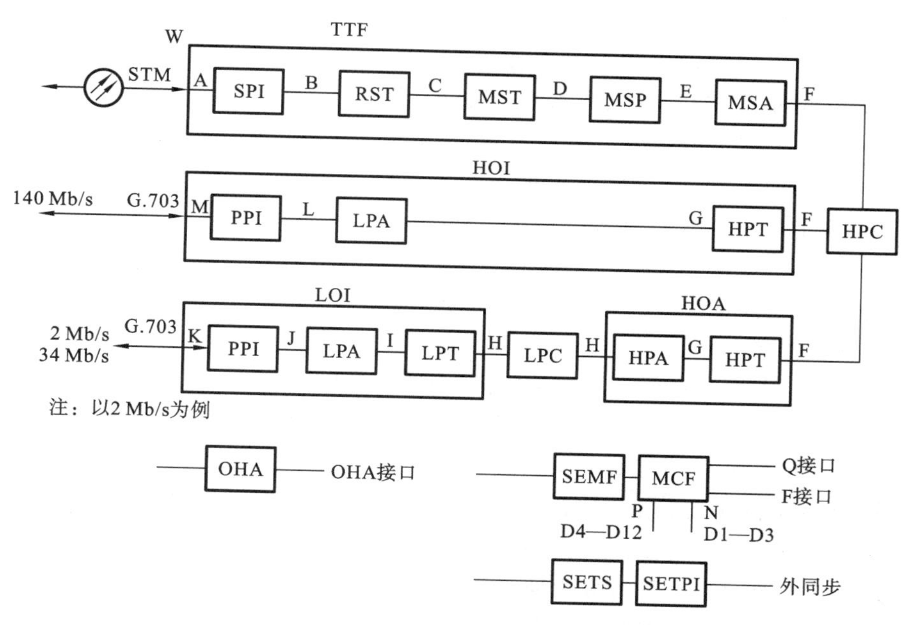

图 4-11　SDH 设备的逻辑功能构成

笔记

图 4-11 为一个 TM 的功能块组成图，其信号流程是线路上的 STM-*N* 信号从设备的 A 参考点进入设备依次经过 A→B→C→D→E→F→G→L→M 拆分成 140 Mb/s 的 PDH 信号；经过 A→B→C→D→E→F→G→H→I→J→K 拆分成 2 Mb/s 或 34 Mb/s 的 PDH 信号(这里以 2 Mb/s 信号为例)，在这里将其定义为设备的收方向。相应的发方向就是沿这两条路径的反方向将 140 Mb/s 和 2 Mb/s、34 Mb/s 的 PDH 信号复用到线路上的 STM-*N* 信号帧中。设备的这些功能是由各个基本功能块共同完成的。

3. SDH 光传输设备功能

同步数字传递网是一种将复接、线路传输及交换功能融为一体，并由统一网管系统操作的综合信息传送网络。SDH 光传输设备可实现网络有效管理、实时业务监控、动态网络维护、不同厂商设备间的互通等多项功能，能大大提高网络资源利用率、降低管理及维护费用、实现灵活可靠和高效的网络运行与维护，因此是当今世界信息领域在传输技术方面的发展和应用的热点，受到人们的广泛重视。

SDH 设备具有以下几项功能特性。

(1) SDH 传输系统在国际上有统一的帧结构、数字传输标准速率和标准的光路接口，使网管系统互通，因此有很好的横向兼容性。它能与现有的 PDH 完全兼容，并容纳各种新的业务信号，形成全球统一的数字传输体制标准，提高了网络的可靠性。

(2) SDH 接入系统的不同等级的码流在帧结构净负荷区内的排列非常有规律，而净负荷与网络是同步的，它利用软件能将高速信号一次直接分插出低速支路信号，实现了一次复用的特性，克服了 PDH 准同步复用方式对全部高速信号进行逐级分解然后再生复用的过程。由于大大简化了

DXC，减少了背靠背的接口复用设备，因此改善了网络的业务传送透明性。

(3) 由于采用了较先进的分/插复用器(ADM)、数字交叉连接设备(DXC)，网络的自愈功能和重组功能就显得非常强大，具有较强的生存率。因 SDH 帧结构中安排了信号的 5%开销比特，它的网管功能显得特别强大，并能统一形成网络管理系统，对网络的自动化、智能化、信道的利用率以及降低网络的维管费和提高网络的生存能力起到了积极作用。

(4) 由于 SDH 有多种网络拓扑结构，它所组成的网络非常灵活，能增强网监，具有运行管理和自动配置功能，优化了网络性能，同时也使网络运行灵活、安全、可靠，使网络的功能非常齐全和多样化。

(5) SDH 有传输和交换的性能，它的系列设备的构成能通过功能块的自由组合，实现不同层次和各种拓扑结构的网络，十分灵活。

(6) SDH 并不专属于某种传输介质，它可用于双绞线、同轴电缆，但 SDH 用于传输高数据率则需用光纤。这一特点表明，SDH 既适合用作干线通道，也可用作支线通道。例如，我国的国家与省级有线电视干线网就是采用 SDH 的，此种方案也便于与光纤电缆混合网(HFC)相兼容。

(7) 从 OSI 模型的观点来看，SDH 属于最底层的物理层，并未对高层有严格的限制，便于在 SDH 上采用各种网络技术，支持 ATM 或 IP 传输。

(8) SDH 是严格同步的，从而保证了整个网络稳定可靠，误码少，且便于复用和调整。

(9) 标准的开放型光接口可以在基本光缆段上实现横向兼容，降低了联网成本。

笔记

任务实施

步骤一 学习知识链接中的内容，了解 SDH 设备模型。

步骤二 学习指导视频微课，巩固本次任务中需要掌握的知识重点。

任务指导 4-5 SDH 设备模型

任务检查与评价

任务完成情况的测评细则参见表 4-3。

表 4-3 项目 4 任务 3 测评细则

一级指标	比例	二级指标	比例	得分
SDH 网络的常见网元	30%	1. 了解 SDH 网中常见网元的特点	15%	
		2. 了解 SDH 网中常见网元的基本功能	15%	

续表

一级指标	比例	二级指标	比例	得分
SDH 光传输设备	60%	1. 熟悉 SDH 设备的基本逻辑功能块	10%	
		2. 掌握辅助功能块和复合功能块的功能	20%	
		3. 掌握 SDH 光传输设备功能	30%	
职业素养与职业规范	10%	1. 计算机使用操作规范	4%	
		2. 实验室安全、整洁情况	6%	

巩固与拓展

1. 巩固自测

通过本任务实施过程中知识链接的学习内容，完成题库中的练习。

题库 4-3

笔记

2. 任务拓展

学习典型 SDH 传输设备知识。

任务指导 4-6　典型 SDH 设备介绍

任务 4-4　读懂 SDH 设备告警

任务目标

- 掌握组成 SDH 设备的基本逻辑功能块监测的相应告警和性能事件
- 掌握各功能块提供的相应告警维护信号，以及相应的告警流程图

任务描述

本任务通过知识链接的学习，结合 SDH 典型设备功能视频，完成 SDH 设备典型设备告警的学习。

本任务旨在让学习者了解告警产生的原因，遵从故障定位的一般原则：先外部，后传输；先网络，后网元；先高速，后低速；先高级，后低级。并能根据告警进行分析和处理，培养其专业认知和职业素养。

知识链接

1. 设备的逻辑功能块产生的告警及说明

以下是SDH设备各功能块产生的主要告警维护信号以及有关的开销字节。

- SPI：LOS
- RST：LOF(A1、A2)，OOF(A1、A2)，RS-BBE(B1)
- MST：MS-AIS(K2[B6—B8])、MS-RDI(K2[B6—B8])，MS-REI(M1)，MS-BBE(B2)，MS-EXC(B2)
- MSA：AU-AIS(H1、H2、H3)，AU-LOP(H1、H2)
- HPT：HP-RDI(G1[B5])，HP-REI(G1[B1—B4])，HP-TIM(J1)，HP-SLM(C2)，HP-UNEQ(C2)，HP-BBE(B3)
- HPA：TU-AIS(V1、V2、V3)，TU-LOP(V1、V2)，TU-LOM(H4)
- LPT：LP-RDI(V5[B8])，LP-REI(V5[B3])，LP-TIM(J2)，LP-SLM(V5[B5—B7])，LP-UNEQ(V5[B5—B7])，LP-BBE(V5[B1—B2])

这些告警维护信号产生机理的简要说明如下。

- ITU-T：建议规定了各告警信号的含义。
- LOS：信号丢失，输入无光功率、光功率过低、光功率过高，使BER劣于10^{-3}。
- OOF：帧失步，搜索不到A1、A2字节时间超过625 μs。
- LOF：帧丢失，OOF持续3 ms以上。
- RS-BBE：再生段背景误码块，B1校验到再生段——STM-N的误码块。
- MS-AIS：复用段告警指示信号，K2[B6—B8]=111超过3帧。
- MS-RDI：复用段远端劣化指示，对端检测到MS-AIS、MS-EXC，由K2[B6—B8]回发过来。
- MS-REI：复用段远端误码指示，由对端通过M1字节回发由B2检测出的复用段误块数。
- MS-BBE：复用段背景误码块，由B2检测。
- MS-EXC：复用段误码过量，由B2检测。
- AU-AIS：管理单元告警指示信号，整个AU为全“1”(包括AU-PTR)。
- AU-LOP：管理单元指针丢失，连续8帧收到无效指针或NDF。
- HP-RDI：高阶通道远端劣化指示，收到HP-TIM、HP-SLM。

笔记

➢ HP-REI:高阶通道远端误码指示,回送给发端由收端 B3 字节检测出的误块数。

➢ HP-BBE:高阶通道背景误码块,显示本端由 B3 字节检测出的误块数。

➢ HP-TIM:高阶通道踪迹字节失配,J1 应收和实际所收的不一致。

➢ HP-SLM:高阶通道信号标记失配,C2 应收和实际所收的不一致。

➢ HP-UNEQ:高阶通道未装载,C2=00H 超过了 5 帧。

➢ TU-AIS:支路单元告警指示信号,整个 TU 为全“1”(包括 TU 指针)。

➢ TU-LOP:支路单元指针丢失,连续 8 帧收到无效指针或 NDF。

➢ TU-LOM:支路单元复帧丢失,H4 连续 2～10 帧不等于复帧次序或无效的 H4 值。

➢ LP-RDI:低阶通道远端劣化指示,接收到 TU-AIS 或 LP-SLM、LP-TIM。

➢ LP-REI:低阶通道远端误码指示,由 V5[B1—B2]检测。

➢ LP-TIM:低阶通道踪迹字节失配,由 J2 检测。

➢ LP-SLM:低阶通道信号标记字节适配,由 V5[B5—B7]检测。

➢ LP-UNEQ:低阶通道未装载,V5[B5—B7]=000 超过了 5 帧。

2. 告警维护信号的内在关系

图 4-12 是简明的 TU-AIS 告警产生流程图。TU-AIS 在维护设备时会经常碰到,通过图 4-12 分析,就可以方便地定位 TU-AIS 及其他相关告警的故障点和原因。

笔记

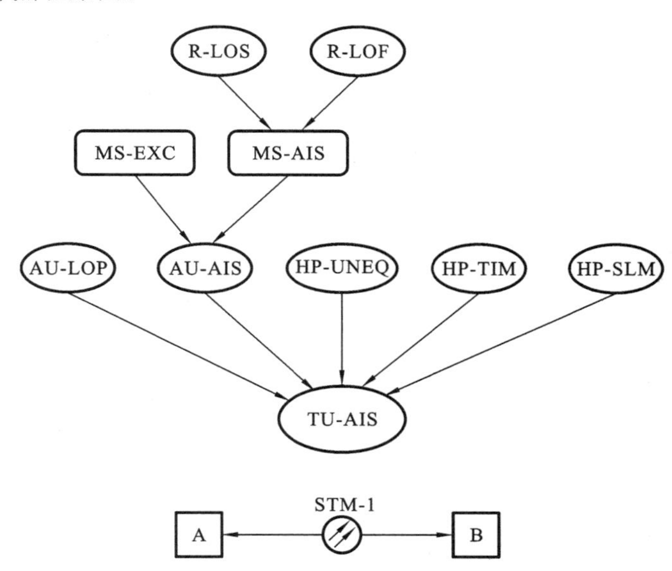

图 4-12　简明 TU-AIS 告警产生流程图

发端 A 有一个 2 Mb/s 的业务要传给 B，A 将该 2 Mb/s 的业务复用到线路上的第 48 个 VC-12 中，而 B 接收该业务时是使用线路上的第 49 个 VC-12，若线路上的第 49 个 VC-12 未配置业务的话，那么 B 端就会在相应的这个通道上产生 TU-AIS 告警。若第 49 个 VC-12 配置了其他 2 Mb/s 的业务的话，B 端就会现类似串话的现象（收到了不该收的通道信号）。

图 4-13 是一个较详细的 SDH 设备各功能块的告警流程图，通过它可看出 SDH 设备各功能块产告警维护信号的相互关系。

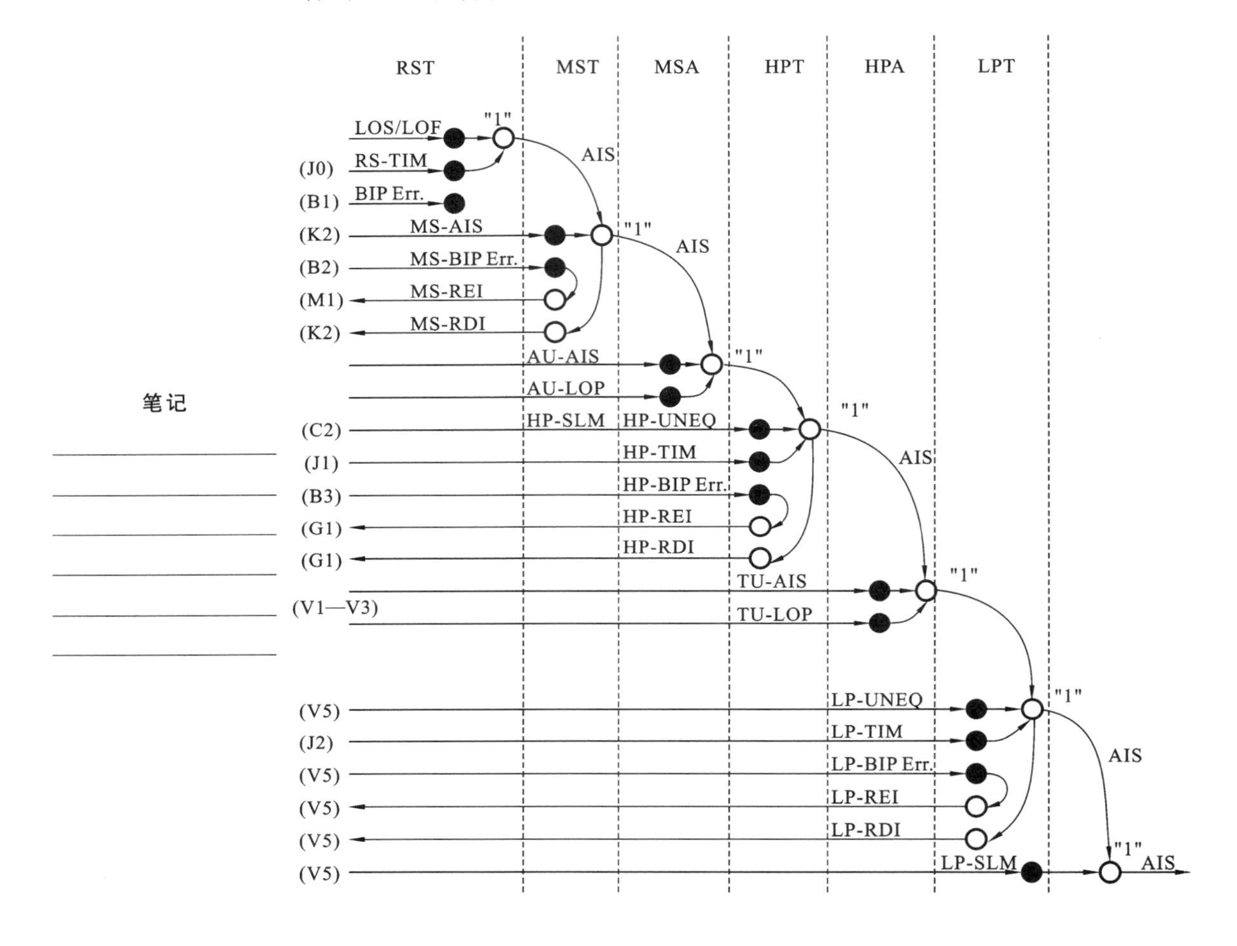

图 4-13 SDH 各功能块告警流程图

3. 典型告警定位方法

故障定位的关键是将故障点准确地定位到单站，故障定位的一般原则可总结如下。

- 先定位外部，后定位传输：在定位故障时，应先排除外部的可能因素，如光纤断，对接设备故障和电源问题等。
- 先定位网络，后定位网元：在定位故障时，首先要尽可能准确地定位出是哪个站的问题。

● 先高速部分，后低速部分：从告警信号流中可以看出，高速信号的告警常常会引起低速信号的告警，因此在故障定位时，应先排除高速部分的故障。

● 先分析高级别告警，后分析低级别告警：在分析告警时，应首先分析高级别的告警，如紧急告警、主要告警，然后再分析低级别的告警，如次要告警和提示告警。

1）紧急告警类

(1) R_LOS 告警

R_LOS 告警表示接收线路侧信号丢失(Receive loss of signal)，为紧急告警，SL16 板会上报此告警。

告警原因：断纤；线路衰耗过大；本板接收方向故障；对端站发送部分故障，线路发送失效；对端站交叉时钟板故障或不在位。

处理步骤：

① 如果相邻两端的线路板同时告 R-LOS，用网管查询发射光功率正常，则应该为光缆故障。

② 检查对端光板发射功率是否正常，如果不正常，更换线路板。

③ 清洁本站尾纤接头和线路板接收光口，查看告警是否排除。

④ 用光功率计检查本站光接收是否正常，如果正常，更换线路板。

⑤ 检查本站的法兰盘和光衰减器是否连接正确，光衰减器的衰减值是否过大。正确使用法兰盘和光衰减器后，查看告警是否排除。

R_LOS 告警为高级告警，跟随它出现的会有 R_LOF、APS_INDI、AU_AIS、MS_AIS，往往处理完 R_LOS 告警后，跟随它出现的许多告警会随着消失。

(2) BUS_ERR

BUS_ERR 告警表示总线错误告警(Bus error)，为紧急告警，GXCS，EXCS 板会上报此告警。

告警原因：交叉芯片损坏；线路板到交叉板的母板总线坏。

处理步骤：

① 如果交叉时钟没有热备份，复位、更换该单板，会导致业务中断，属危险操作。

② 更换母板会导致本站的所有业务中断，属危险操作。

③ 复位、插拔上报告警的单板，查看告警是否排除。

④ 更换上报告警的单板，查看告警是否排除。

⑤ 更换母板，查看告警是否排除。

2）主要告警类

(1) POWER_FAIL

POWER_FAIL 告警表示电源故障(PDH interface loss of signal)，为主要告警，SCC 板会上报此告警。

告警原因：电源板开关未打开；电源板失效；时钟板故障或不在位；供

笔记

电电池电量过低或出现故障。

处理步骤:

① 检查电源板电源开关是否打开,打开电源开关后,查看告警是否排除。

② 检查交叉时钟是否在位,运行是否正常,排除交叉时钟板故障后,查看告警是否排除。

③ 检查电源板电源输出是否正常,更换故障电源板后,查看告警是否排除。

(2) S1_SYN_CHANGE

S1_SYN_CHANGE 告警表示在 S1 字节模式下时钟源发生倒换(Clock reference Source Change In S1_Mode),为主要告警,GXCS、EXCS 板会上报此告警。

告警原因:光纤断;外接 BITS 断;上游站发生本告警。

处理步骤:

① 先检查是否光纤断,如果光纤断了,线路板会上报 R_LOS 告警。

② 连接光纤,检查所有告警是否都已经排除。

③ 如果光纤没有断:检查外接 BITS 是否断;检查外时钟输入线是否断;检查外时钟输入的 2M 头制作是否有问题。

④ 检查外时钟输入的 2M 头是否在子架面板上插紧。

⑤ 如果 BITS 没有断,请检查是否为上游站发生本告警。

⑥ 如果为上游站发生本告警,则到上游站处理该告警。

(3) P_LOS

P_LOS 告警表示 PDH 接口信号丢失(PDH interface loss of signal),为主要告警,PL3、PD3 板会上报此告警。

告警原因:与本站相连的 PDH 设备发送失效;与本站相连的 PDH 设备输出端口脱落或松动;本站 PDH 信号输入端口脱落或松动;单板故障;接口电缆故障。

处理步骤:

① 在网管上查看支路板对应通道是否有 TU_AIS、TU_LOP 告警,排除 TU_AIS、TU_LOP 告警后,查看告警是否排除。

② 在 DDF 架处对对应通道的业务自环(硬件内环回),如告警排除,表示对端设备故障,排除对端设备故障后,查看告警是否排除。

③ 在上一步的自环操作中,如果告警没有排除,需要再在接口板处对该通道进行自环(硬件内环回),如果告警排除,表示信号电缆连接故障,排除信号电缆连接故障后,查看告警是否排除。

④ 在上一步的接口板自环操作中,如果告警没有排除,需要再在网管上对该通道进行内环回设置,如果告警排除,表示接口板故障,重新插拔、更换接口板后,查看告警是否排除。

⑤ 在上一步对上报告警的通道进行内环回设置,如果告警没有排除,表示是单板故障,更换单板后,检查告警是否排除。

笔记

(4) TU_LOP

TU_LOP告警表示TU指针丢失(TU Loss of Pointer),为主要告警,PQ1、PQM、PL3、PD3板会上报此告警。

告警原因:支路板与交叉板间接口故障;业务配置错误。

处理步骤:

① 在网管上查看是否有高级别的R_LOS、R_LOF、HP_SLM告警,优先处理这些高级别告警后,查看告警是否排除。

② 检查网元是否处于保护倒换运行状态,排除倒换故障后,查看告警是否排除。

③ 检查网元的业务配置是否正确,修改错误的配置后,查看告警是否排除。

④ 更换上报告警的支路板,查看告警是否排除。

⑤ 更换交叉时钟板,查看告警是否排除。

因为DS3业务主要为单向广播业务,所以会出现TU_LOP告警。

(5) LTI

LTI告警表示同步源丢失(Loss of synchronous source),为主要告警,GXCS、EXCS板会上报此告警。

笔记

告警原因:光纤断;进入自由振荡模式;同步源设置错。

处理步骤:

① 查看网元跟踪的时钟源,时钟源有外部时钟源、线路时钟源、支路时钟源。

② 检查外部时钟设备的输出信号是否正常,更换正常的外部时钟设备后,查看告警是否排除。

③ 检查外部时钟输入模式是否匹配,是2 MHz,还是2 Mb,修改为正确的输入模式后,查看告警是否排除。

④ 检查外部时钟输入阻抗是否匹配,是75 Ω,还是120 Ω,修改为正确的输入阻抗后,查看告警是否排除。

⑤ 检查时钟输入电缆是否链接正确,修正后,查看告警是否排除。

⑥ 复位、更换交叉时钟板,查看告警是否排除。

⑦ 在网管上查看对应的线路板是否有R_LOS告警,排除R_LOS告警后,查看告警是否排除。

⑧ 复位、更换线路板,查看告警是否排除。

⑨ 复位、更换交叉时钟板,查看告警是否排除。

⑩ 在网管上查看对应支路通道是否有T_ALOS告警,排除T_ALOS告警后,查看告警是否排除。

⑪ 复位、更换支路板,查看告警是否排除。

⑫ 复位、更换交叉时钟板,查看告警是否排除。

3) 次要告警

MS_RDI告警表示复用段远端接收失效指示(Multiplex section remote defect indication),为次要告警,SL64、SL16、SLQ4、SLD4、SL4、

SLQ1、SL1、SEP1、SPQ4 板会上报此告警。

告警原因：对端站接收到 R_LOS、R_LOF、MS_AIS 信号；对端站接收部分故障；本站发送部分故障。

处理步骤：

① 在网管上查看对端站对应的线路板是否有 R_LOS、R_LOF、MS_AIS 告警，排除 R_LOS、R_LOF、MS_AIS 告警后，查看告警是否排除。

② 复位、更换本站线路板，查看告警是否排除。

任务实施

步骤一 学习知识链接中的内容，了解 SDH 告警与性能事件。

步骤二 学习常见的告警与性能事件文档，巩固本次任务中需要掌握的知识重点。

任务指导 4-7 SDH 常见的告警与性能事件

笔记

任务检查与评价

任务完成情况的测评细则参见表 4-4。

表 4-4 项目 4 任务 4 测评细则

一级指标	比例	二级指标	比例	得分
SDH 设备的基本逻辑功能块监测的相应告警和性能事件	20%	1. 了解 SDH 设备的基本逻辑功能监测点	10%	
		2. 了解 SDH 设备的基本逻辑功能产生的告警与性能事件	10%	
相应告警维护信号，及其相应告警流程图	40%	1. 熟悉告警维护信号产生机理	20%	
		2. 熟悉告警维护信号的内在关系	20%	
典型告警处理	40%	1. 分析典型告警原因	20%	
		2. 掌握典型告警处理步骤	20%	

巩固与拓展

1. 巩固自测

通过本任务实施过程中知识链接的学习内容，完成题库中的练习。

题库 4-4

2. 任务拓展

学习故障分析及定位。

任务指导4-8　故障分析及定位

任务4-5　实现SDH网络保护

任务目标

- 掌握SDH常见拓扑结构的特点和适用范围
- 掌握网络自愈原理
- 掌握不同类型自愈环的特点、容量和适用范围

笔记

任务描述

本任务通过知识链接的学习，完成SDH网络拓扑和网络保护的学习。

本任务旨在让学习者掌握SDH网络的基本拓扑、自愈环机理、较复杂网络的特点。熟悉单向通道保护环、双向双纤复用段保护环的工作机理、适用范围、业务容量。了解不同的SDH网络保护方式的差异及应用场景，激发学生的求知欲，激励学生发奋学习，积极向上，勇于创新。

知识链接

1. 基本的网络拓扑结构

SDH网是由SDH网元设备通过光缆互连而成的，网络节点(网元)和传输线路的几何排列构成网络的拓扑结构。网络的有效性(信道的利用率)、可靠性和经济性在很大程度上与其拓扑结构有关。

网络拓扑的基本结构有链形、星形、树形、环形和网孔形，如图4-14所示。

(1) 链形网

此种网络拓扑是将网中的所有节点一一串联，而首尾两端开放。这种拓扑的特点是较经济，在SDH网的早期用得较多，主要用于专网(如铁路网)中。

(2) 星形网

此种网络拓扑是将网中一网元作为特殊节点与其他各网元节点相连，其他各网元节点互不相连，网元节点的业务都要经过这个特殊节点转接。这种网络拓扑的特点是可通过特殊节点来统一管理其他网络节点，利于分

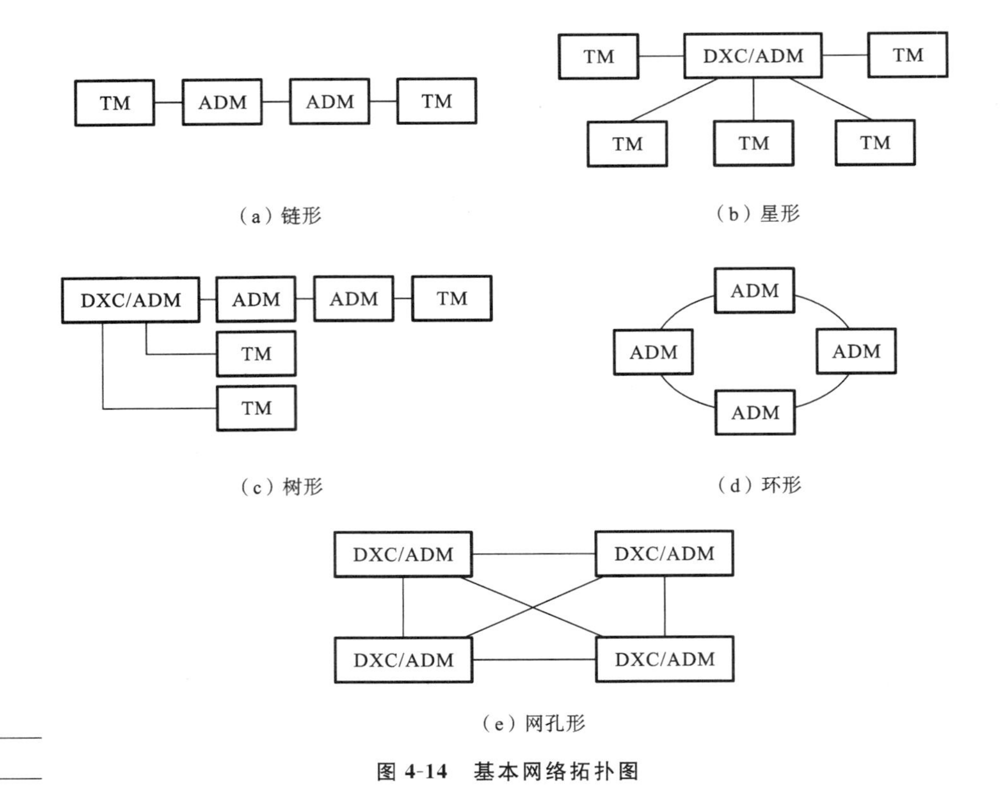

图 4-14 基本网络拓扑图

笔记

配带宽,节约成本,但存在特殊节点的安全保障和处理能力的潜在瓶颈问题。特殊节点的作用类似交换网的汇接局,此种拓扑多用于本地网(接入网和用户网)。

(3) 树形网

此种网络拓扑可看成是链形拓扑和星形拓扑的结合,也存在特殊节点的安全保障和处理能力的潜在瓶颈。

(4) 环形网

环形拓扑实际上是指将链形拓扑首尾相连,从而使网上任何一个网元节点都不对外开放的网络拓扑形式。这是当前使用最多的网络拓扑形式,主要是因为它具有很强的生存性,即自愈功能较强。环形网常用于本地网(接入网和用户网)、局间中继网。

(5) 网孔形网

将所有网元节点两两相连,就形成网孔形网络拓扑。这种网络拓扑为两网元节点间提供多个传输路由,使网络的可靠更强,不存在瓶颈问题和失效问题。但是由于系统的冗余度高,必会使系统有效性降低,成本高且结构复杂。网孔形网主要用于长途网中,以提供网络的高可靠性。

当前用得最多的网络拓扑是链形和环形,通过它们的灵活组合,可构成更加复杂的网络。本节主要讲述链网的组成、特点,以及环网的几种主要的自愈形式(自愈环)的工作机理及特点。

2. 链网和自愈环

传输网上的业务按流向可分为单向业务和双向业务。以环网为例说明单向业务和双向业务的区别,如图4-15所示。

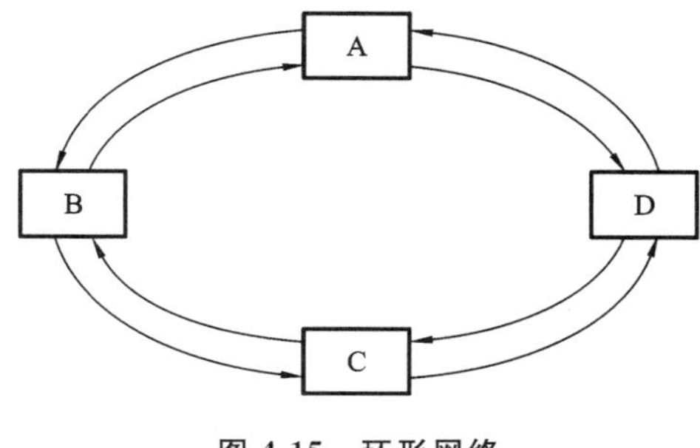

图4-15 环形网络

若A和C之间互通业务,A到C的业务路由假定是A→B→C,若此时C到A的业务路由是C→B→A,则业务从A到C和从C到A的路由相同,称为一致路由。

若此时C到A的路由是C→D→A,那么业务从A到C和业务从C到A的路由不同,称为分离路由。

我们称一致路由的业务为双向业务,分离路由的业务为单向业务。常见组网的业务方向和路由如表4-5所示。

笔记

表4-5 常见组网的业务方向和路由表

组网类型		路由	业务方向
链形网		一致路由	双向
环形网	双向通道环	一致路由	双向
	双向复用段环	一致路由	双向
	单向通道环	分离路由	单向
	单向复用段环	分离路由	单向

(1) 链形网

典型的链形网如图4-16所示。

链形网的特点是具有时隙复用功能,即线路STM-*N*信号中某一序号的VC可在不同的传输光缆段上重复利用。

链形网的这种时隙重复利用功能,使此网络的业务容量较大。网络的业务容量指能在网上传输的业务总量。网络的业务容量和网络拓扑、网络的自愈方式和网元节点间业务分布关系有关。

链形网的最小业务量发生在链形网的端站为业务主站的情况下,所谓业务主站是指各网元都与其互通业务,并且其余网元间无业务互通。以图4-16为例,若A为业务主站,那么B、C、D之间无业务互通。此时,C、B、D分别与网元A通信。这时由于A—B光缆段上的最大容量为STM-*N*(因系统的速率级别为STM-*N*),则网络的业务容量为STM-*N*。

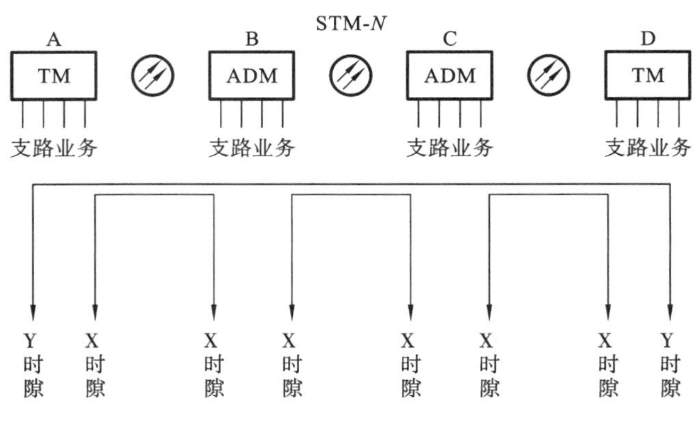

图 4-16 链形网络图

链形网达到业务容量最大的条件是链形网中只存在相邻网元间的业务。如图 4-16 所示，此时网络中只有 A—B、B—C、C—D 的业务，不存在 A—D 的业务。这时可时隙重复利用，那么在每一个光缆段上业务都可占用整个 STM-N 的所有时隙，若链形网有 M 个网元，此时网上的业务最大容量为(M－1)×STM-N，M－1 为光缆段数。

笔记

常见的链形网有二纤链——不提供业务的保护功能(不提供自愈功能)；四纤链——一般提供业务的 1＋1 或 1∶1 保护。四纤链中两根光纤收/发作主用信道，另外两根收/发作备用信道。链网的自愈功能 1＋1、1∶1、1∶n，其中 1∶n 保护方式中 n 最大只能到 14。为什么？这是由 K1 字节的 B5—B8 限定的，K1 的 B5—B8 的 0001～1110[1—14]指示要求倒换的主用信道编号。

(2) 环网——自愈环

① 自愈的概念

当今社会各行各业对信息的依赖越来越大，要求通信网络能及时准确地传递信息。随着网上传输的信息越来越多，传输信号的速率越来越快，一旦网络出现故障(这是难以避免的，如土建施工中将光缆挖断)，将对整个社会造成极大的损失。因此，网络的生存能力即网络的安全性是当今首要考虑的问题。

所谓自愈是指在网络发生故障(如光纤断)时，无需人为干预，网络自动地在极短的时间内(ITU-T 规定为 50 ms 以内)，使业务自动从故障中恢复传输，使用户几乎感觉不到网络出了故障。其基本原理是网络要具备发现替代传输路由并重新建立通信的能力。替代路由可采用备用设备或利用现有设备中的冗余能力，以满足全部或指定优先级业务的恢复。由上可知网络具有自愈能力的先决条件是有冗余的路由、网元强大的交叉能力以及网元一定的智能。

自愈仅是通过备用信道将失效的业务恢复，而不涉及具体故障的部件和线路的修复或更换，所以故障点的修复仍需人工干预才能完成，就像断了的光缆还需人工接好。

② 自愈环的分类

目前环形网络的拓扑结构用得最多，因为环形网具有较强的自愈功能。自愈环的分类可按保护的业务级别、环上业务的方向、网元节点间光纤数来划分。

按环上业务的方向可将自愈环分为单向环和双向环两大类；按网元节点间的光纤数可将自愈环划分为双纤环（一对收/发光纤）和四纤环（两对收发光纤）；按保护的业务级别可将自愈环划分为通道保护环和复用段保护环两大类。

下面讲讲通道保护环和复用段保护环的区别。

通道保护环：业务的保护是以通道为基础的，也就是保护的是 STM-*N* 信号中的某个 VC（某一路 PDH 信号），倒换与否按环上的某一个别通道信号的传输质量来决定的，通常利用收端是否收到简单的 TU-AIS 信号来决定该通道是否应进行倒换。

复用段倒换环：以复用段为基础，倒换与否是根据环上传输的复用段信号的质量决定的。倒换是由 K1、K2(B1—B5)字节所携带的 APS 协议来启动的，当复用段出现问题时，环上整个 STM-*N* 或 1/2 STM-*N* 的业务信号都切换到备用信道上。复用段保护倒换的条件是 LOF、LOS、MS—AIS、MS—EXC 告警信号。

③ 二纤单向通道保护环

二纤单向通道倒换如图 4-17 所示。

主环——S1

备环——P1

特点：

- 分离路由，AC 业务通信非同时进行，S1 西收东发，P1 东收西发。
- 并发选收，即首段桥接，末端倒换。
- 1+1 保护方式。
- 倒换速度快，业务流向简捷明了，便于配置维护。
- 网络的业务容量不大。

笔记

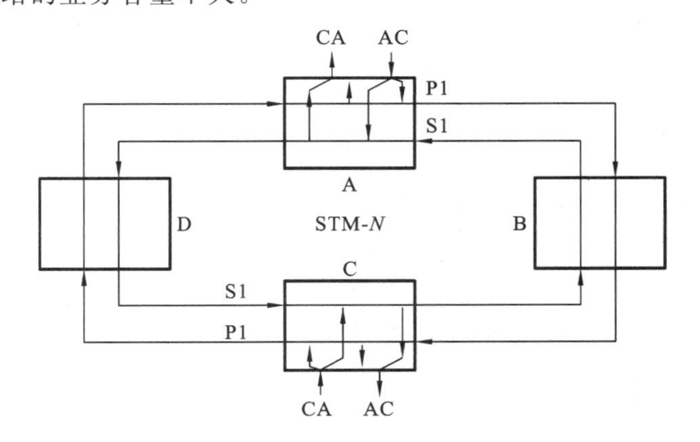

图 4-17　二纤单向通道倒换环

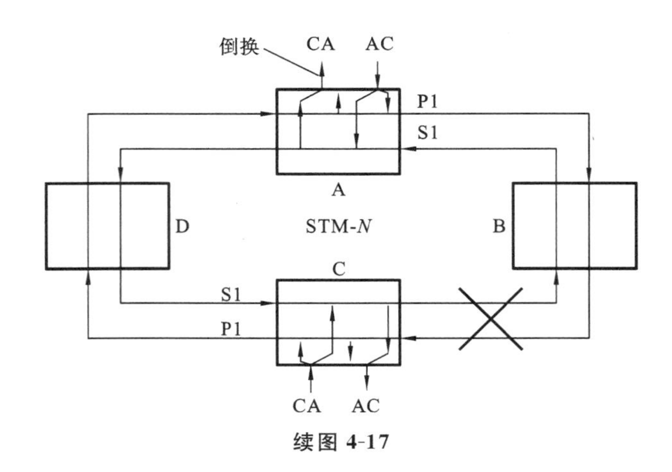

续图 4-17

在网络正常时，网元 A 和 C 都选收主环 S1 上的业务。那么 A 与 C 业务互通的方式是 A 到 C 的业务经过网元 D 穿通，由 S1 光纤传到 C(主环业务)；由 P1 光纤经过网元 B 穿通传到 C(备环业务)。在网元 C 支路板"选收"主环 S1 上的 A→C 业务，完成网元 A 到网元 C 的业务传输。网元 C 到网元 A 的业务传输与此类似。

笔记

当 BC 光缆段的光纤同时被切断，网元 A 到网元 C 的业务由网元 A 的支路板并发到 S1 和 P1 光纤上，其中 S1 业务经光纤由网元 D 穿通传至网元 C，P1 光纤的业务经网元 B 穿通，由于 B—C 间光缆断，所以光纤 P1 上的业务无法传到网元 C，不过由于网元 C 默认选收主环 S1 上的业务，这时网元 A 到网元 C 的业务并未中断，网元 C 的支路板不进行保护倒换。

网元 C 的支路板将到网元 A 的业务并发到 S1 环和 P1 环上，其中 P1 环上的 C 到 A 业务经网元 D 穿通传到网元 A，S1 环上的 C 到 A 业务，由于 B—C 间光纤断，所以无法传到网元 A，网元 A 默认是选收主环 S1 上的业务，此时由于 S1 环上的 C→A 的业务传不过来，A 网元线路 W 侧产生 R—LOS 告警，所以往下插全"1"——AIS，这时网元 A 的支路板就会收到 S1 环上 TU—AIS 告警信号。网元 A 的支路板收到 S1 光纤上的 TU—AIS 告警后，立即切换到选收备环 P1 光纤上的 C 到 A 的业务，于是 C→A 的业务得以恢复，完成环上业务的通道保护，此时网元 A 的支路板处于通道保护倒换状态——切换到选收备环方式。

网元发生了通道保护倒换后，支路板同时监测主环 S1 上业务的状态，当连续一段时间未发现 TU-AIS 时，发生切换网元的支路板将选收切回到收主环业务，恢复成正常时的默认状态。

④ 二纤双向通道保护环

二纤双向通道保护环网上业务为双向(一致路由)，保护机理也是支路的"并发选收"，业务保护是 1+1 的，网上业务容量与单向通道保护二纤环相同，但结构更复杂，与二纤单向通道环相比无明显优势，故一般不用这种自愈方式，如图 4-18 所示。

⑤ 二纤单向复用段环

前面讲过复用段环保护的业务单位是复用段级别的业务，需通过 STM-

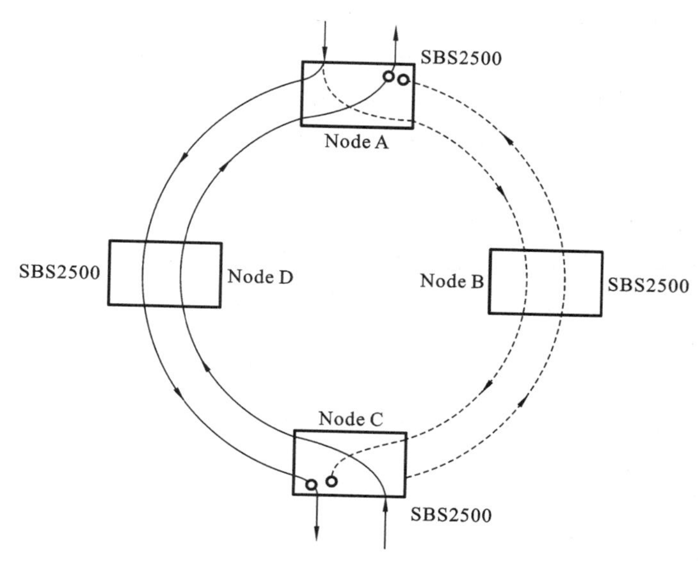

图 4-18 2500 系统二纤双向通道保护环

N 信号中 K1、K2 字节承载的 APS 协议来控制倒换的完成。由于倒换要通过运行 APS 协议，所以倒换速度不如通道保护环快。

下面我们讲一讲单向复用段保护倒换环的自愈机理，如图 4-19 所示。

笔记

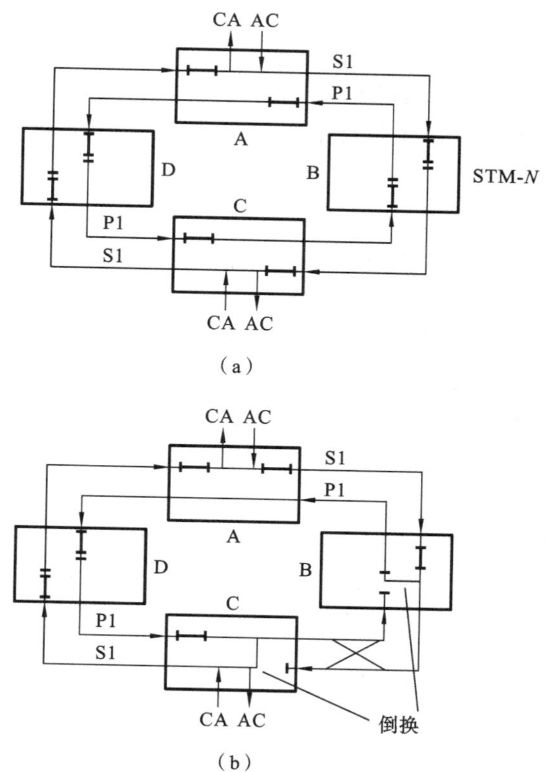

图 4-19 二纤单向复用段倒换环

若环上网元 A 与网元 C 互通业务，构成环的两根光纤 S1、P1 分别称为主纤和备纤，上面传送的业务不是 1+1 的业务而是 1∶1 的业务——主环 S1 上传主用业务，备环 P1 上传备用业务；因此复用段保护环上业务的保护方式为 1∶1 保护，有别于通道保护环。

在环路正常时，网元 A 往主纤 S1 上发送到网元 C 的主用业务，往备纤 P1 上发送到网元 C 的备用业务，网元 C 从主纤上选收主纤 S1 上来的网元 A 发来的主用业务，从备纤 P1 上收网元 A 发来的备用业务(额外业务)，图 4-19 中只画出了收主用业务的情况。网元 C 到网元 A 业务的互通与此类似。

二纤单向复用段环的最大业务容量的推算方法与二纤单向通道环的类似，只不过是环上的业务是 1∶1 保护的，在正常时备环 P1 上可传额外业务，因此二纤单向复用段保护环的最大业务容量在正常时为 2×STM-N(包括了额外业务)，发生保护倒换时为 1×STM-N。

二纤单向复用段保护环由于业务容量与二纤单向通道保护环相差不大，倒换速率比二纤单向通道环的慢，所以优势不明显，在组网时应用不多。

笔记

⑥ 四纤双向复用段保护环

前面讲的三种自愈方式，网上业务的容量与网元节点数无关，随着环上网元的增多，平均每个网元可上/下的最大业务随之减少，网络信道利用率不高。例如，当二纤单向通道环为 STM-16 系统时，若环上有 16 个网元节点，平均每个 2500 节点最大上/下业务只有一个 STM-1，这对资源是很大的浪费。为克服这种情况，出现了四纤双向复用段保护环这种自愈方式，这种自愈方式环上业务量随着网元节点数的增加而增加，如图 4-20 所示。

四纤环由 4 根光纤组成，这 4 根光纤分别为 S1、P1、S2、P2。其中，S1、S2 为主纤传送主用业务；P1、P2 为备纤传送备用业务；也就是说 P1、P2 光纤分别用来在主纤故障时保护 S1、S2 上的主用业务。请注意 S1、P1、S2、P2 光纤的业务流向，S1 与 S2 光纤业务流向相反(一致路由，双向环)，S1、P1 和 S2、P2 两对光纤上业务流向也相反，从图 4-20(a)可以看出，S1 和 P2，S2 和 P1 光纤上业务流向相同(这是以后讲双纤双向复用段环的基础，双纤双向复用段保护环就是因为 S1 和 P2，S2 和 P1 光纤上业务流向相同，才得以将四纤环转化为二纤环)。另外，要注意的是，四纤环上每个网元节点的配置要求是双 ADM 系统。为什么？因为一个 ADM 只有东/西两个线路端口(一对收发光纤称为一个线路端口)，而四纤环上的网元节点是东/西向各有两个线路端口，所以要配置成双 ADM 系统。

在环网正常时，网元 A 到网元 C 的主用业务从 S1 光纤经网元 B 到网元 C，网元 C 到网元 A 的业务经 S2 光纤经网元 B 到网元 A(双向业务)。网元 A 与网元 C 的额外业务分别通过 P1 和 P2 光纤传送。网元 A 和网元 C 通过收主纤上的业务互通两网元之间的主用业务，通过收备纤上的业务互通两网之间的备用业务，如图 4-20(a)所示。

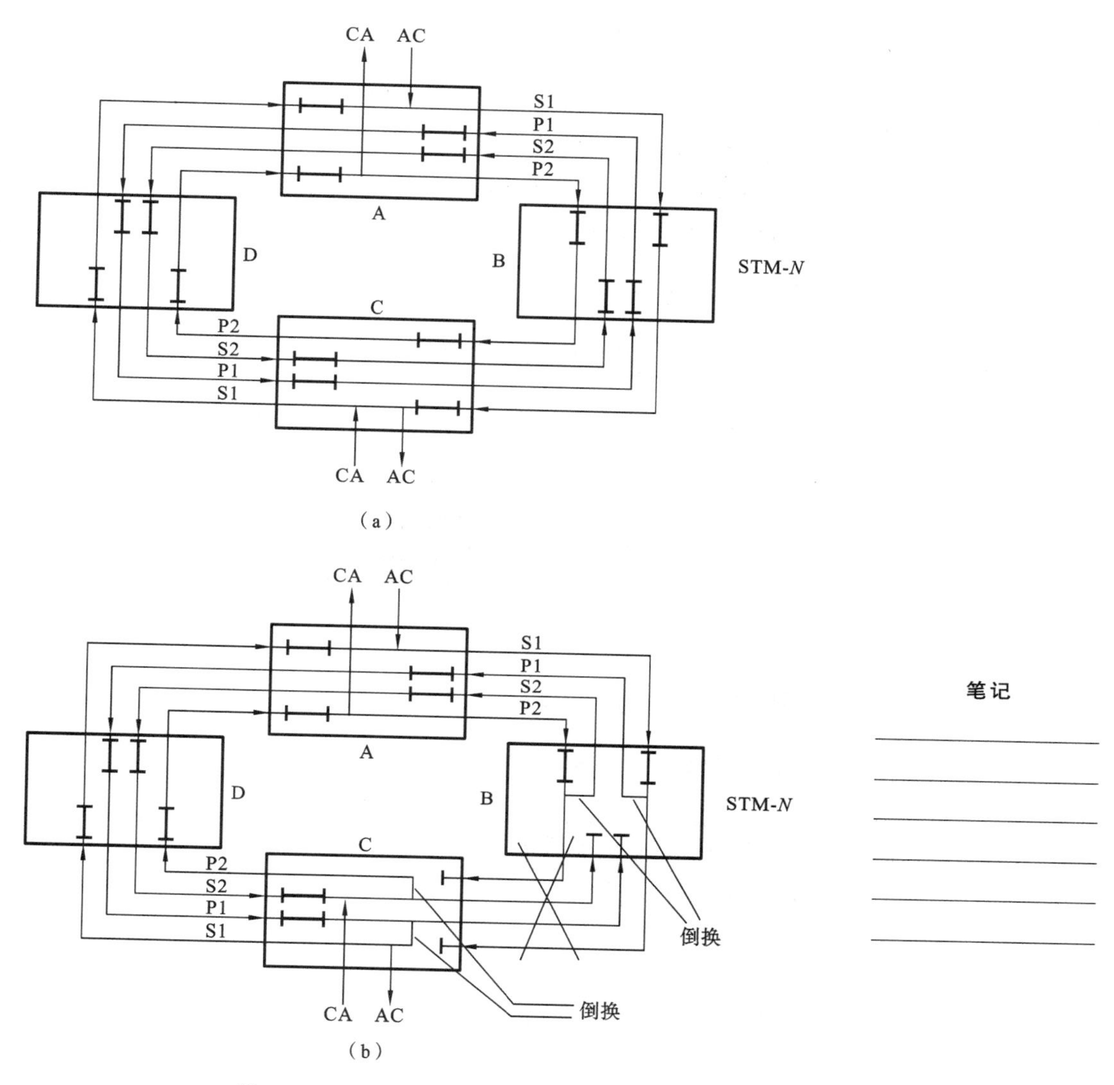

图4-20　四纤双向复用段倒换环

笔记

当B—C间光缆段光纤均被切断后，在故障两端的网元B、C的光纤S1和P1、S2和P2有一个环回功能(故障端点的网元环回)，如图4-20(b)所示。这时，网元A到网元C的主用业务沿S1光纤传到网元B处，在此网元B执行环回功能，将S1光纤上的网元A到网元C的主用业务环到P1光纤上传输，P1光纤上的额外业务被中断，经网元A、网元D穿通(其他网元执行穿通功能)传到网元C，在网元C处P1光纤上的业务环回到S1光纤上(故障端点的网元执行环回功能)，网元C通过收主纤S1上的业务，接收到网元A到网元C的主用业务。

网元C到网元A的业务先由网元C将其主用业务环到P2光纤上，P2光纤上的额外业务被中断，然后沿P2光纤经过网元D、网元A的穿通传到网元B，在网元B处执行环回功能将P2光纤上的网元C到网元A的主用业务环回到S2光纤上，再由S2光纤传回到网元A，由网元A下主纤S2

上的业务。通过这种环回,穿通方式完成了业务的复用段保护,使网络自愈。

⑦ 双纤双向复用段保护环——双纤共享复用段保护环

鉴于四纤双向复用段环的成本较高,出现了一个新的变种:双纤双向复用段保护环,它们的保护机理相类似,只不过采用双纤方式,网元节点只用单 ADM 即可,所以得到了广泛的应用。

任务实施

步骤一 学习知识链接中的内容,掌握 SDH 常见拓扑结构的特点和适用范围。

步骤二 学习指导视频微课,巩固本次任务中需要掌握的知识重点。

任务指导 4-9 SDH 常见网络拓扑结构

笔记

任务检查与评价

任务完成情况的测评细则参见表 4-6。

表 4-6 项目 4 任务 5 测评细则

一级指标	比例	二级指标	比例	得分
SDH 常见拓扑结构的特点和适用范围	30%	1. 熟悉 SDH 网络的基本拓扑	15%	
		2. 熟悉 SDH 网络适用范围	15%	
SDH 网络自愈原理	60%	1. 掌握仿真实验平台的使用方法	10%	
		2. 熟悉自愈环机理	20%	
		3. 掌握较复杂网络的特点	30%	
职业素养与职业规范	10%	1. 计算机使用操作规范	4%	
		2. 实验室安全、整洁情况	6%	

巩固与拓展

1. 巩固自测

通过本任务实施过程中知识链接的学习内容,完成题库中的练习。

题库 4-5

2. 任务拓展

学习SDH环网保护实验指导视频，了解SDH自愈网应用。

任务指导4-10 SDH环网保护实验

任务4-6 MSTP怎么工作

任务目标

- 掌握SDH的基础业务
- 熟悉并加强网管的常用操作，了解网管功能和系统框架
- 初步熟悉SDH业务配置流程，理解内部时隙交叉配置的作用
- 掌握使用单站配置方法配置长链路传输业务
- 加强理解SDH内端口与方向的时隙交叉配置

笔记

任务描述

本任务通过对知识链接内容的学习，结合实训MSTP实验操作，完成对SDH设备业务配置及网管功能系统框架的学习。

学习者根据组网规划图，完成实际的设备连接，在网管上创建添加设备，并将网管计算机连接到创建的两台SDH设备，建立起管理通信，对SDH设备交叉配置并且行业务验证。实验有一定难度，引导学生分工合作，培养团队合作精神。

不规范操作将导致事故发生，遵从企业安全生产规章制度十分重要，要让学生意识到安全生产没有“如果”，增强“生命至上”的安全生产理念。

知识链接

1. MSTP的产生

在接入网的应用中，可以将SDH技术在核心网中的巨大带宽优势和技术优势带入接入网领域，充分利用SDH同步复用、标准化的光接口、强大的网管能力、灵活网络拓扑能力和高可靠性带来好处，在接入网的建设发展中长期受益。

但随着IP数据、话音、图像等多种业务传送需求不断增长，用户接入及驻地网的宽带化技术迅速普及起来，同时也促进了传输骨干网的大规模建设。由于业务的传送环境发生了巨大变化，原先以承载话音为主要目的的城域网在容量以及接口能力上都已经无法满足业务传输与汇聚的要求，于是MSTP技术应运而生。

2. MSTP 与 SDH 的联系

MSTP 是基于 SDH 的多业务传输平台，同时实现 TDM、ATM、以太网等业务的接入、处理和传送，提供统一网管的多业务节点。伴随着电信网络的发展，MSTP 技术也在不断进步，主要体现在对以太网业务的处理上。

以太网透传功能是将来自以太网接口的信号不经过二层交换，直接映射到 SDH 的虚容器(VC)中，然后通过 SDH 设备进行点到点传送，是第一代 MSTP 技术特点。

以太网二层交换功能指在一个或多个用户以太网接口与一个或多个独立的基于 SDH 虚容器的点对点链路之间，实现基于以太网链路层的数据帧交换，是第二代 MSTP 技术特点。

第三代 MSTP 在数据业务和传输虚容器之间引入智能适配层(1.5 层)、采用 PPP/LAPS/GFP 高速封装协议、支持虚级联和链路容量自动调整(LCAS)机制，因此可支持多点到多点的连接、具有可扩展性、支持用户隔离和带宽共享、支持以太网业 QOS、SLA 增强、阻塞控制，公平接入以及提供业务层环网保护。

3. SDH 设备介绍——LTE-MSTP-155

笔记

实验室所用的 SDH 设备型号为 LTE-MSTP-155，19 英寸 1U 高，设计紧凑，充分利用前面板的空间，方便用户操作。前面板布置外部时钟接口、光接口、以太网接口、以太网网管接口、CPU 控制台接口、电源开关以及各种指示灯。

前面板按键接口说明如表 4-7 所示。

表 4-7 前面板按键接口说明

名　称	具体描述
电源开关	提供电源
指示灯	设备指示灯
TXA	A 光口发送
RXA	A 光口接收
TXB	B 光口发送
RXB	B 光口接收
NET1	第一路以太网接口
NET2	第二路以太网接口
NET3	第三路以太网接口
NET4	第四路以太网接口
F	以太网网管接口
CON	Console 控制台接口
CLK	外部时钟接口

前面板指示灯说明如表 4-8 所示。

表4-8 前面板指示灯说明

名称	颜色	状态	功能描述
LOFA	红	亮	A光口帧丢失告警
NOPA	红	亮	A光口无光指示灯
LOFB	红	亮	B光口帧丢失告警
NOPB	红	亮	B光口无光指示灯
LOCK	绿	亮	亮:锁相环锁定;灭:锁相环失锁
POWR	绿	亮	电源指示灯
LINK	绿	亮	该灯对应的以太网连接正常
SPEED	绿	亮/灭	亮:该灯对应的以太网速率为100M; 灭:该灯对应的以太网速率为10M;

4. SDH网管软件介绍——NetGuard2

NetGuard2是一款专门管理SDH设备的软件,主要功能有新建网络拓扑结构,配置SDH设备内部交叉配置,配置以太网业务以及SDH环路保护功能。下面对该软件的界面和基础操作做简要说明。

(1) 登陆系统

在电脑所有程序中找到NetGuard2软件。打开之后登陆界面如图4-21所示。

笔记

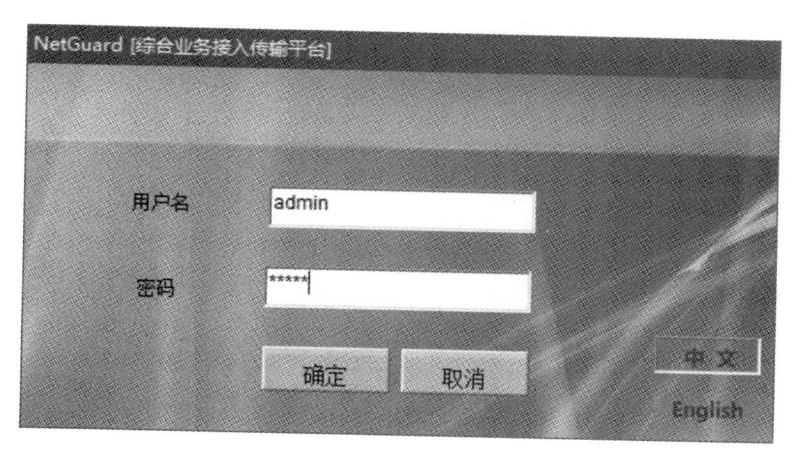

图4-21 登录界面

默认用户名为:admin

密码为:admin

登陆之后就打开了主界面,如图4-22所示。

(2) 新建项目

由于大部分实验室电脑设置有还原卡,软件配置的数据无法保存给下次使用,所以网管软件每次使用一般都需要重新建立网络拓扑结构。下面讲述如何使用该软件新建网络工程,为后面其他所有实验做铺垫。

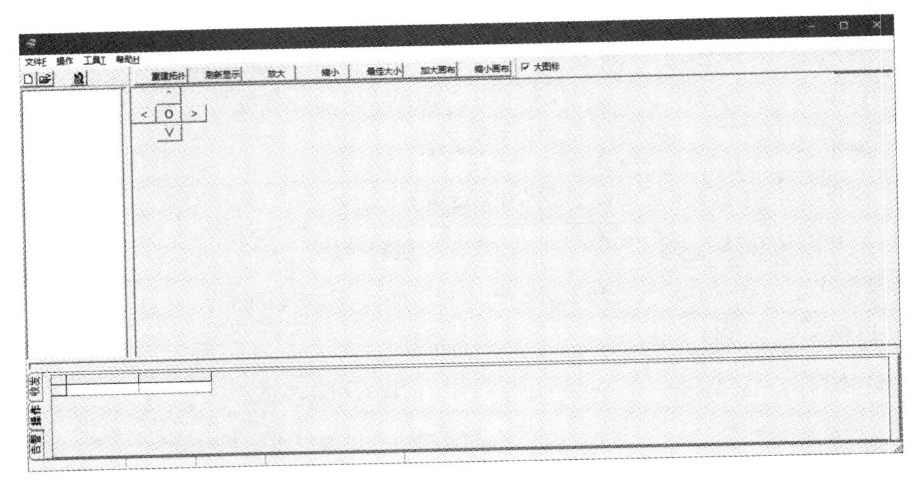

图 4-22　主界面

登陆软件之后，点击菜单“文件”→“新建项目”，如图 4-23 所示。

笔记

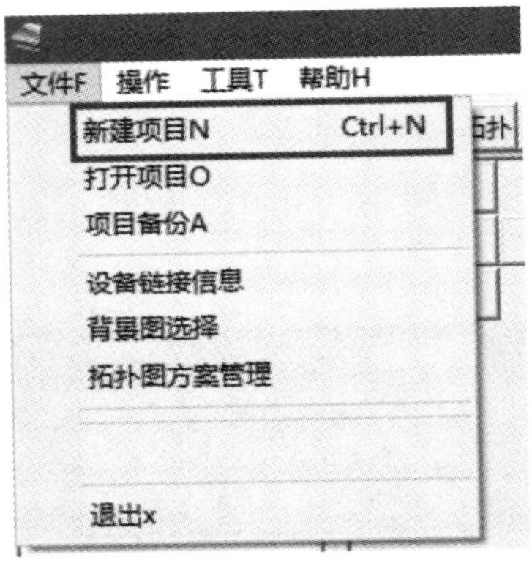

图 4-23　新建项目

输入项目名称，例如“实验”，然后点“OK”，如图 4-24 所示。

图 4-24　输入项目名称

在功能树点击选中刚才新建的工程项目“实验”，然后在菜单点击“操作”→“设备配置”，打开子网窗口界面，如图 4-25 所示。

在这个窗口中，添加子网以及 SDH 设备。选中项目“实验”，右键“添加子网”，如图 4-26 所示。

图 4-25　子网窗口界面

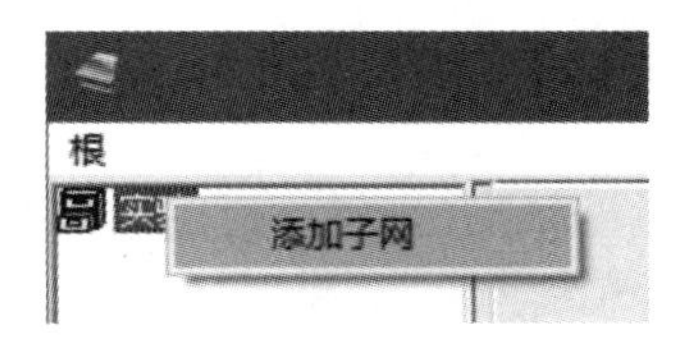

图 4-26　添加子网

笔记

填写子网名称和子网描述，IP 及端口使用默认参数。点击“确定”完成子网的新建，如图 4-27 所示。

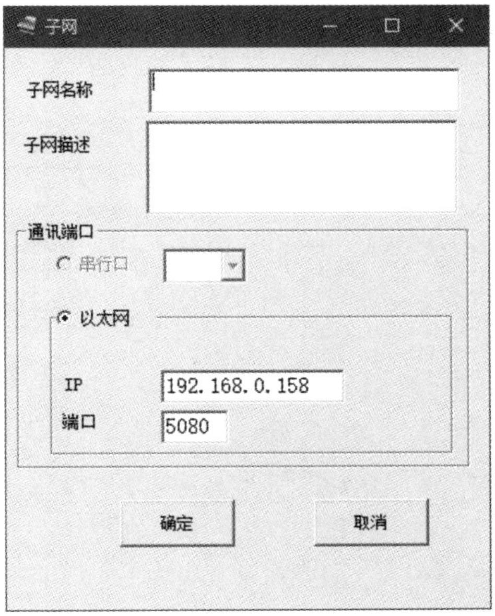

图 4-27　完成子网新建

添加设备。回到上一窗口，点击项目名称“实验”，将会展开子网，选中子网，然后右键点击“手工添加设备”，如图 4-28 所示。

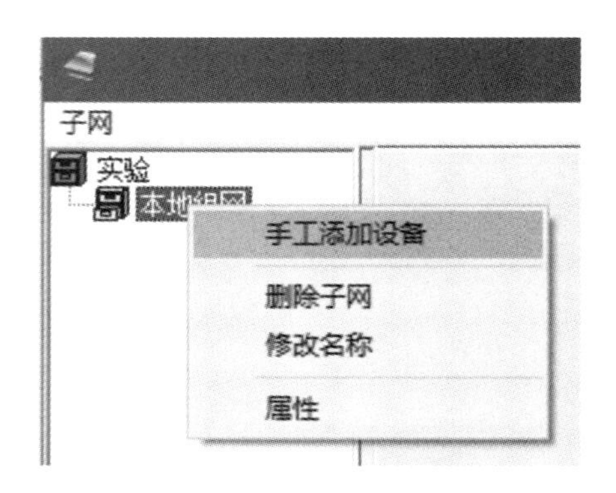

图 4-28　添加设备

在弹出的窗口中，点击“SDH 系列”，在下方框中点击“LTE-MSTP-155”的型号，然后点击“确定”，如图 4-29 所示。

笔记

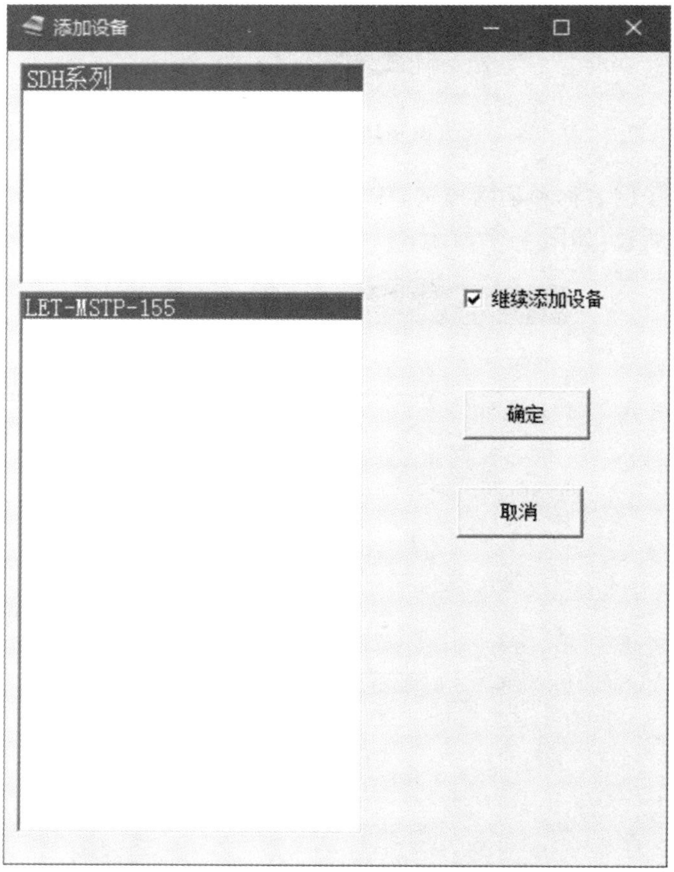

图 4-29　选择设备型号

填写要新建 SDH 的参数信息，如图 4-30 所示。

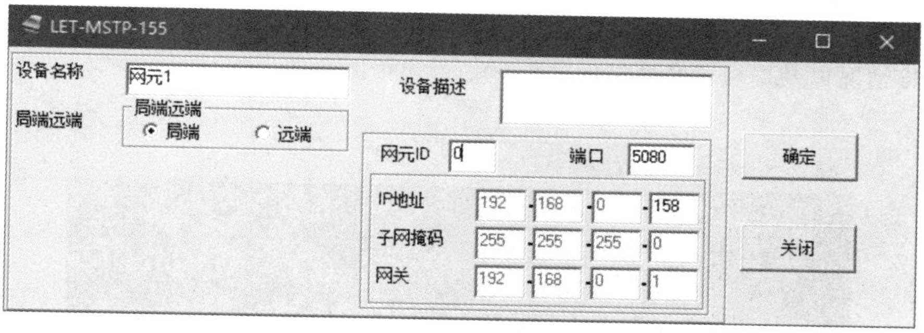

图 4-30　填写设备信息

此处填写设备名称。例如“网元 1”。局端远端一律选择“局端”，然后填写网元 ID 和 IP 地址，完成后点击确定。

SDH 设备出厂默认的 IP 地址为：192.168.0.158，网元 ID 为 0； 实际的，请按照 SDH 设备上粘贴的标签纸上的 IP 和 ID 信息填写。

按照同样的方法可以继续添加其他设备，如图 4-31 所示。

笔记

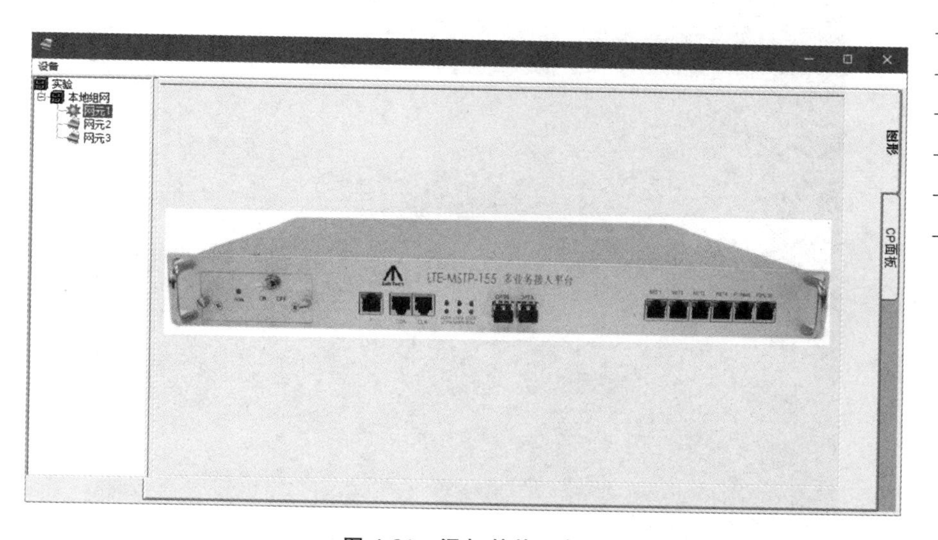

图 4-31　添加其他设备

(3) 完成通信

设备添加完成之后，实际上是虚拟添加的，也就是预操作。那怎么和实际的设备进行通信呢？下面讲述网元添加完成之后，怎么和实际的设备进行通信控制。

首先，SDH 设备上有个网口 F 口，该网口就是与网管通信控制的端口，所以先确保实际 SDH 设备的 F 口和电脑是在同一个网络同一网段，简单的理解为网管电脑的网线和三台 SDH 设备 F 口连接的网线都接在同一个实验室局域网内。

将电脑的 IP 修改为 192.168.0.x 网段，然后打开 cmd 命令提示符 ping 三台 SDH 设备的 IP，如图 4-32 所示。若都能 ping 通，则表示网管可以与三台 SDH 设备正常通信，若无法 ping 通，则需要检查实际地网线连接情况以及局域网交换机内的配置是否干扰了此项任务。

笔记

```
C:\Windows\system32\cmd.exe
Microsoft Windows [版本 10.0.15063]
(c) 2017 Microsoft Corporation。保留所有权利。

C:\Users\Administrator>ping 192.168.0.158

正在 Ping 192.168.0.158 具有 32 字节的数据:
来自 192.168.0.158 的回复: 字节=32 时间<1ms TTL=64
来自 192.168.0.158 的回复: 字节=32 时间=1ms TTL=64
来自 192.168.0.158 的回复: 字节=32 时间=1ms TTL=64
来自 192.168.0.158 的回复: 字节=32 时间=1ms TTL=64

192.168.0.158 的 Ping 统计信息:
    数据包: 已发送 = 4，已接收 = 4，丢失 = 0 (0% 丢失)，
往返行程的估计时间(以毫秒为单位):
    最短 = 0ms，最长 = 1ms，平均 = 0ms

C:\Users\Administrator>ping 192.168.0.159

正在 Ping 192.168.0.159 具有 32 字节的数据:
来自 192.168.0.159 的回复: 字节=32 时间<1ms TTL=64
来自 192.168.0.159 的回复: 字节=32 时间=1ms TTL=64
来自 192.168.0.159 的回复: 字节=32 时间=1ms TTL=64
来自 192.168.0.159 的回复: 字节=32 时间=1ms TTL=64

192.168.0.159 的 Ping 统计信息:
    数据包: 已发送 = 4，已接收 = 4，丢失 = 0 (0% 丢失)，
往返行程的估计时间(以毫秒为单位):
    最短 = 0ms，最长 = 1ms，平均 = 0ms
C:\Users\Administrator>ping 192.168.0.160

正在 Ping 192.168.0.160 具有 32 字节的数据:
来自 192.168.0.160 的回复: 字节=32 时间<1ms TTL=64
来自 192.168.0.160 的回复: 字节=32 时间=1ms TTL=64
来自 192.168.0.160 的回复: 字节=32 时间=1ms TTL=64
来自 192.168.0.160 的回复: 字节=32 时间=1ms TTL=64

192.168.0.160 的 Ping 统计信息:
    数据包: 已发送 = 4，已接收 = 4，丢失 = 0 (0% 丢失)，
往返行程的估计时间(以毫秒为单位):
    最短 = 0ms，最长 = 1ms，平均 = 0ms

C:\Users\Administrator>
```

图 4-32　验证通信

物理连通之后就要验证网管与实际设备的通信控制。需要说明的是，在配置每台 SDH 设备时，都需要将对应的子网 IP 修改为该 SDH 设备的 IP。例如需要配置第一台 SDH 设备，首先在设备配置窗口，右键子网，选择菜单“属性”，然后将 IP 修改为和网元 1 设备 IP 相同的 IP 地址，完成之后点击确定，如图 4-33 所示。

然后选中网元 1，右键“SDH 配置”，即可打开 SDH 内部的配置窗口，如图 4-34 所示。

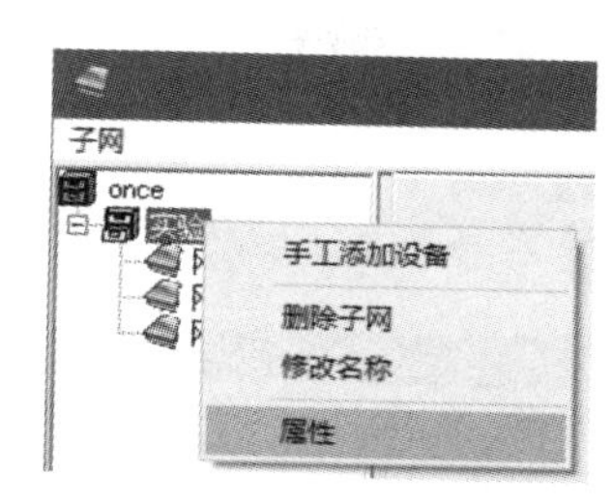

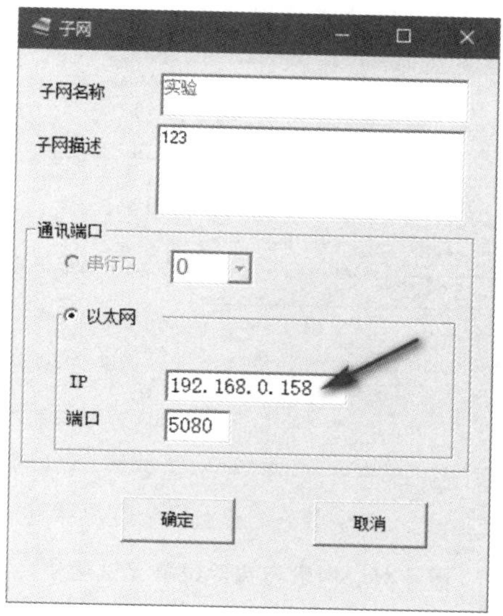

图 4-33 子网 IP

笔记

图 4-34 打开 SDH 内部的配置窗口

稍等片刻之后可以看到如图 4-35 所示的窗口，首页的开销配置里面都是乱码(或者显示空白)，点击“读设备”即可显示该 SDH 设备的正确信息，如图 4-36 所示(若点击读设备之后一直没有显示出有效的开销字节信息，说明网管与实际设备仍然通信不上，请检查网管计算机与设备的连接或者子网的 IP 是否修改过)，此时说明网管可以与设备正常通信，进行设备的配置管理了。

每次进入不同的 SDH 设备配置均需要修改子网的 IP。

笔记

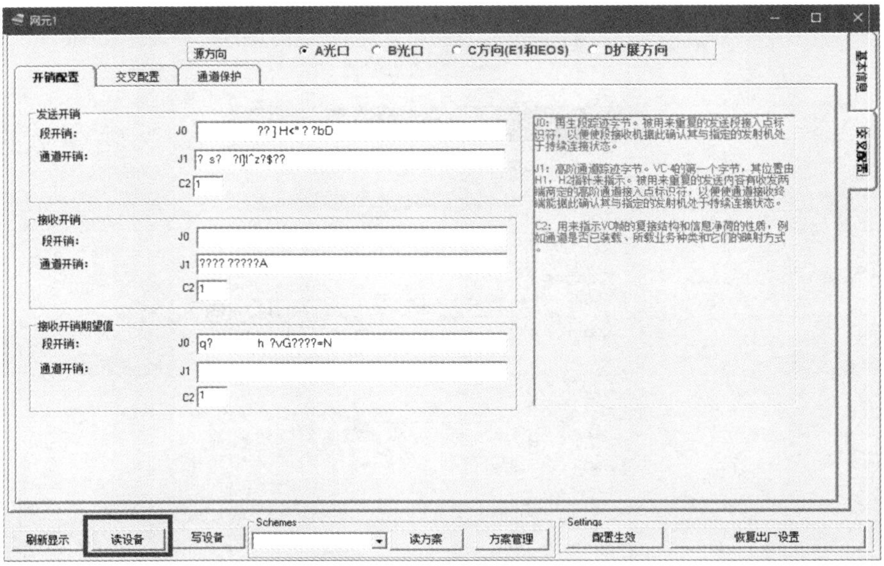

图 4-35　网管与实际设备无法通信

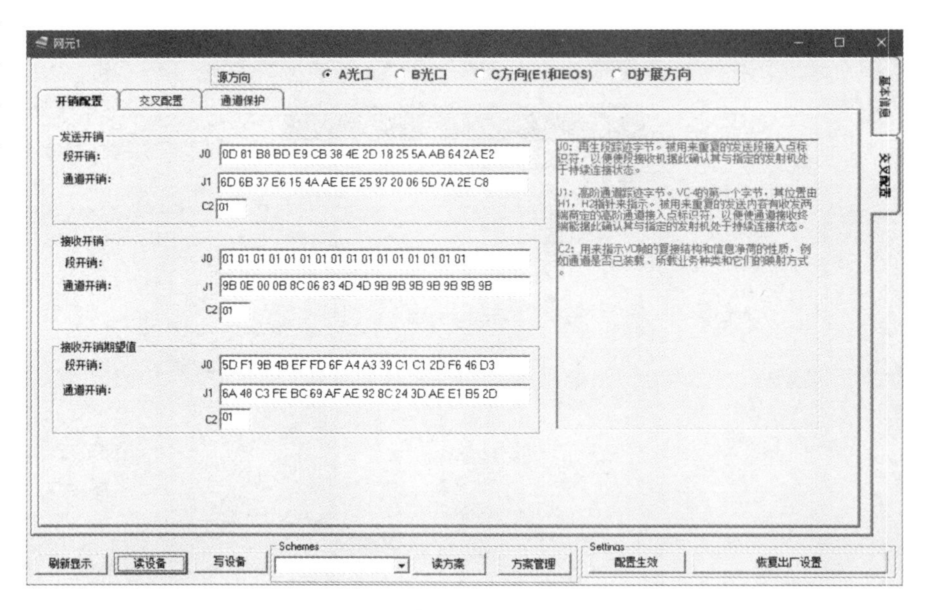

图 4-36　网管与实际设备正常通信

完成第一个 SDH 设备与网管的正常通信之后，然后继续添加另外两台 SDH 设备与网管的通信控制。回到上一层窗口，首先修改子网的 IP 地址与将要配置的 SDH 设备的 IP 地址一致，再选中该设备右键“SDH 配置”即可打开该 SDH 设备的内部配置窗口，如图 4-37 所示。

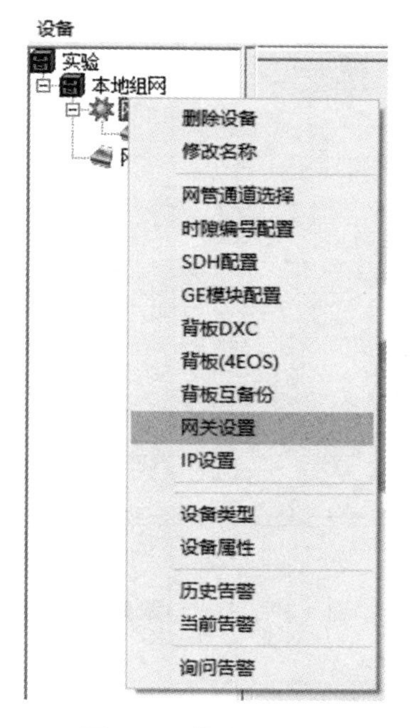

图 4-37 修改子网 IP

笔记

完成上述步骤之后，验证了网管与 SDH 设备之间全部可以正常通信控制了，接下来便是配置各项业务的实验，我们将会学习到 SDH 的传输业务是怎样实现的。SDH 的业务配置，主要使用的“SDH 配置”菜单中的“交叉配置”界面。点击“交叉配置”打开 SDH 内部交叉配置界面，主要使用 A 光口、B 光口和 C 方向，初始界面如图 4-38 和图 4-39 所示，这里是后面配置业务主要使用的界面。

网元1
源方向 A光口 B光口 C方向(E1和EOS) D扩展方向
E1和EOS交叉 E1电口配置 V35配置 基本信息 交叉配置
参数配置 VLAN配置
连续填充数量 1
使能 Link状态 速率
ETH1 Enable Link 10M
ETH2 Enable Link 10M
ETH3 Enable Link 10M
ETH4 Enable Link 10M
高级参数配置

源TU12	LCAS	以太网	目的方向	目的TU12
39	UNEQ	ETH1	UNEQ	0
40	UNEQ	ETH1	UNEQ	0
41	UNEQ	ETH1	UNEQ	0
42	UNEQ	ETH1	UNEQ	0
43	UNEQ	ETH1	UNEQ	0
44	UNEQ	ETH1	UNEQ	0
45	UNEQ	ETH1	UNEQ	0
46	UNEQ	ETH1	UNEQ	0
47	UNEQ	ETH1	UNEQ	0
48	UNEQ	ETH1	UNEQ	0
49	UNEQ	ETH1	UNEQ	0
50	UNEQ	ETH1	UNEQ	0
51	UNEQ	ETH1	UNEQ	0
52	UNEQ	ETH1	UNEQ	0
53	UNEQ	ETH1	UNEQ	0
54	UNEQ	ETH1	UNEQ	0
55	UNEQ	ETH1	UNEQ	0
56	UNEQ	ETH1	UNEQ	0
57	UNEQ	ETH1	UNEQ	0
58	UNEQ	ETH1	UNEQ	0
59	UNEQ	ETH1	UNEQ	0
60	UNEQ	ETH1	UNEQ	0
61	UNEQ	ETH1	UNEQ	0
62	UNEQ	ETH1	UNEQ	0
63	UNEQ	ETH1	UNEQ	0

刷新显示 读设备 写设备 Schemes 读方案 方案管理 Settings 配置生效 恢复出厂设置

图 4-38 C 方向配置界面

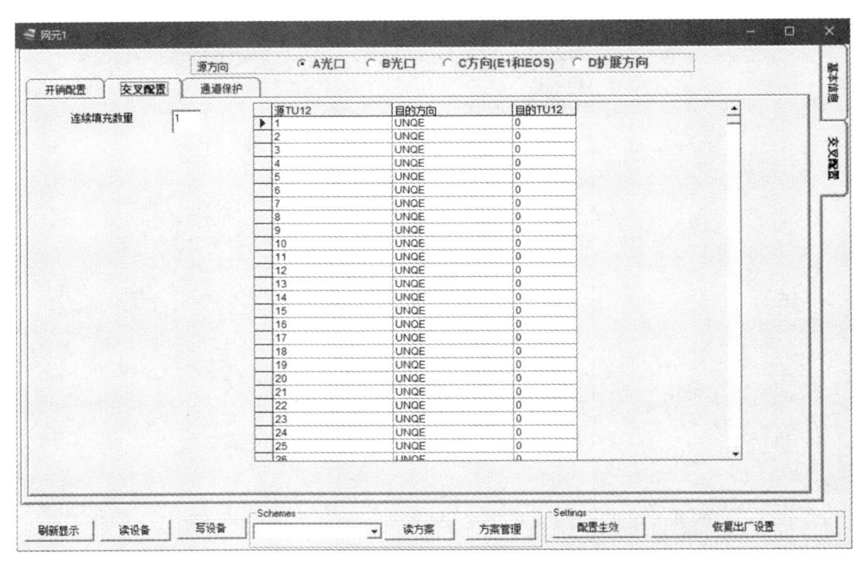

图 4-39 A 光口配置界面

5. SDH 业务配置介绍

笔记

学习认识了网管软件的基础操作界面之后，我们再详细讲述一下该网管内业务配置流程，结合之前学习的理论，为方便理解在每台 SDH 设备内业务的流程和方向，对于后面配置业务的时候更好上手理解。

首先，我们知道 STM-1 的帧结构是由 AUG1 管理单元组形成，内部是 3×7×3 结构(三个 TU-12 复用进 TUG-2，七个 TUG-12 复用进 TUG-3，三个 TUG-3 复用进 VC-4)，总共 63 个 TU-12。这 63 个 TU-12 代表了 63 条最基础的 2M 传输信号，这 63 个 TU-12 的编号就是时隙。在 SDH 设备内部，每个光口之间都划分有 63 个时隙，某一设备内信号只做流通传递，例如 A 光口从上游站接收信号，再由 B 光口发送给下一站点。此时设备信号流简化过程就如图 4-40 所示。

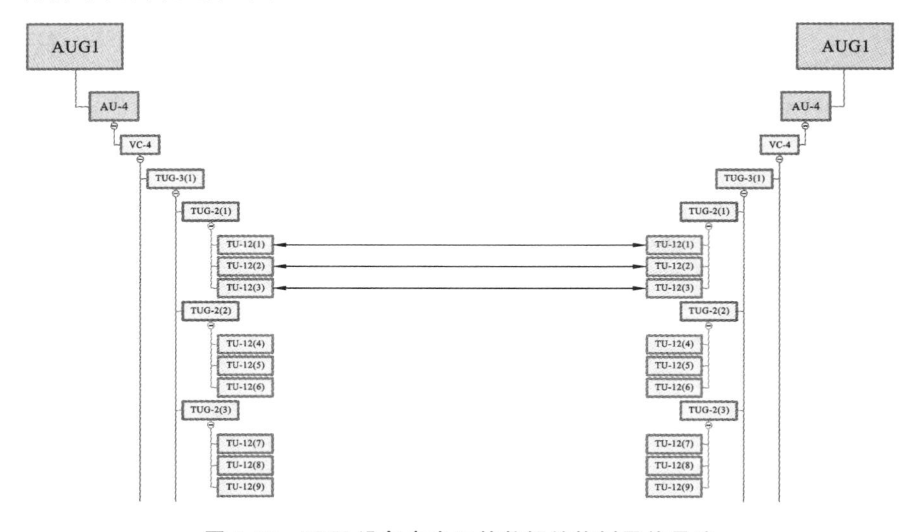

图 4-40 SDH 设备内光口的数据结构树及信号流

而对于时隙的编码计算有两种方式。

按照时隙编号方式进行编号的 VC-12 如图 4-41 所示，采用如下公式计算：

$$\text{VC-12 编号} = \text{TUG-3 编号} + (\text{TUG-2 编号} - 1) \times 3 + (\text{TU-12 编号} - 1) \times 21$$

TUG-3	TU-12	TUG-2 1	2	3	4	5	6	7
1	1	1	4	7	10	13	16	19
1	2	22	25	28	31	34	37	40
1	3	43	46	49	52	55	58	61
2	1	2	5	8	11	14	17	20
2	2	23	26	29	32	35	38	41
2	3	44	47	50	53	56	59	62
3	1	3	6	9	12	15	18	21
3	2	24	27	30	33	36	39	42
3	3	45	48	51	54	57	60	63

图 4-41　按照时隙编号方式

笔记

按照线路编号方式进行编号的 VC-12 如图 4-42 所示，采用如下公式计算：

$$\text{VC-12 编号} = (\text{TUG-3 编号} - 1) \times 21 + (\text{TUG-2 编号} - 1) \times 3 + \text{TU-12 编号}$$

TUG-3	TU-12	TUG-2 1	2	3	4	5	6	7
1	1	1	4	7	10	13	16	19
1	2	2	5	8	11	14	17	20
1	3	3	6	9	12	15	18	21
2	1	22	25	28	31	34	37	40
2	2	23	26	29	32	35	38	41
2	3	24	27	30	33	36	39	42
3	1	43	46	49	52	55	58	61
3	2	44	47	50	53	56	59	62
3	3	45	48	51	54	57	60	63

图 4-42　按照线路编号方式

这两种编号方式一般来说不会特意区分，只有在两家设备厂商的 SDH 需要网络对接而恰好两家的 SDH 时隙编号方式不一样时，需要采用该公式进行转换对接。

在网管软件中，我们看到交叉配置上面主要有三个内容，A 光口、B 光口、C 方向(D 方向是做拓展使用)，它们三者的关系如图 4-43 所示。每个

SDH均有两个光口，每个光口内设置63个时隙编号；用于用户业务接入的方向即C方向，同样设置63个编号，可以将这63个时隙分配绑定给一个以太网接口或者E1。

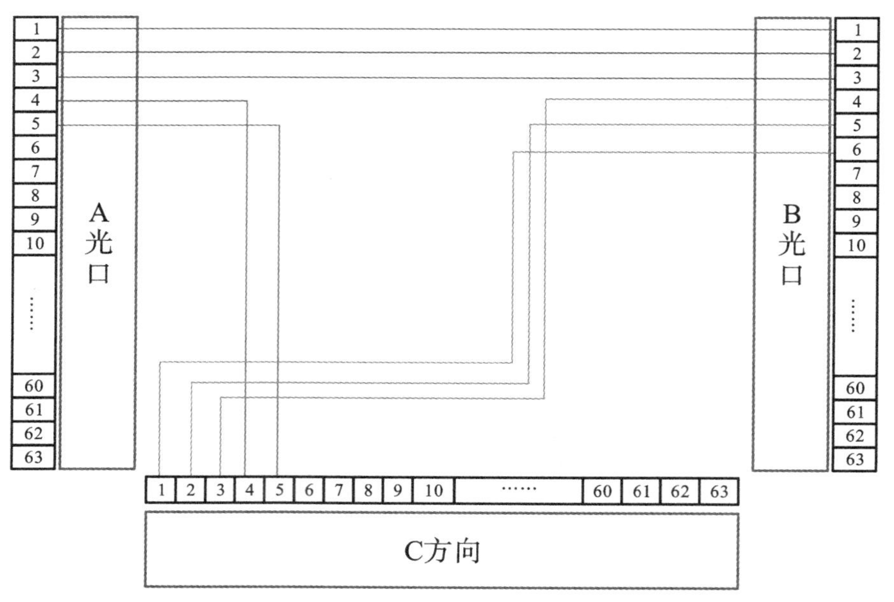

图 4-43 A、B、C 光口关系示意图

笔记

图上A、B光口之间的前三个时隙1、2、3业务是从两个光口直接流过的，我们称之为“串通业务”；A光口的时隙4、5和B光口的时隙4、5、6都是指向C方向用户接入端的，我们称之为“落地业务”。在网管上配置业务的时候，需要填写双向的。例如前三个2M业务，设置连续数量为3，在A光口设置目的方向为B，目的TU12为1，系统将自动填充后两个；同样的，也需要在B光口设置目的方向为A，目的TU12位为顺序1、2、3，这样就实现了A、B光口的前1、2、3时隙的业务的互通。

任务实施

步骤一 学习知识链接中的内容，第MSTP平台进行操作及业务验证。

步骤二 学习网管软件介绍——NetGuard2实验指导视频，掌握MSTP平台网管操作方法。

任务指导 4-11 SDH 网管软件介绍——NetGuard2

任务检查与评价

任务完成情况的测评细则参见表 4-9。

表 4-9　项目 4 任务 6 测评细则

一级指标	比例	二级指标	比例	得分
熟悉 MSTP 平台操作	30%	1. 了解 MSTP 平台产生背景	10%	
		2. 熟悉 MSTP 网管的常用操作	10%	
		3. 掌握 MSTP 网管功能原理和系统框架	10%	
完成 SDH 业务配置及业务验证	60%	1. 掌握 SDH 的基础业务及交叉时隙配置	10%	
		2. 根据网络拓扑，搭建设备环境	20%	
		3. 完成 SDH 业务配置及业务验证	30%	
职业素养与职业规范	10%	1. 电脑使用操作规范	4%	
		2. 实验室安全、整洁情况	3%	
		3. 团队分工协作情况	3%	

巩固与拓展

笔记

1. 巩固自测

通过本任务实施过程中知识链接的学习内容，完成题库中的练习。

题库 4-6

2. 任务拓展

SDH 设备点对点传输业务开通。

任务指导 4-12　SDH 设备点对点传输业务开通

SDH 设备链形组网传输业务配置。

任务指导 4-13　SDH 设备链形组网传输配置

项目 5

OTN 技术应用入门

光纤通信自问世以来，给整个通信领域带来了一场革命，它使高速率、大容量的通信成为可能。随着业务规模不断扩展，作为通信网络底座的光传输系统也经历多次技术上的演进。图 5-1 所示的为光传输系统技术演进过程。

笔记

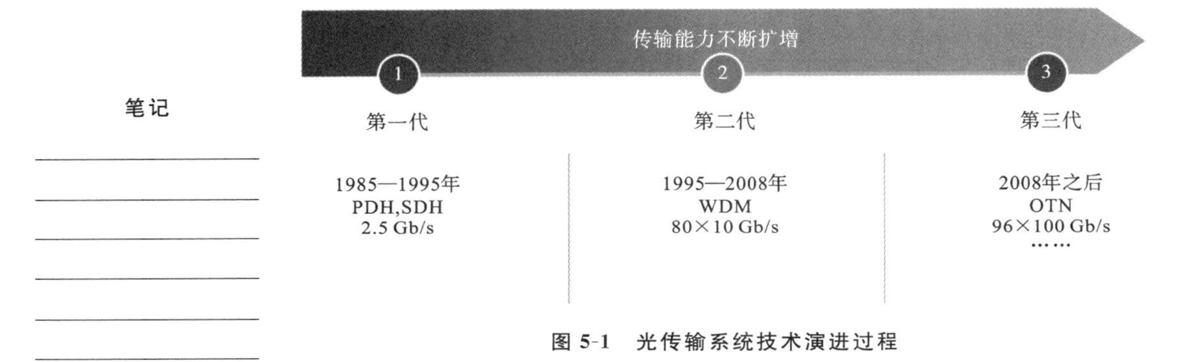

图 5-1　光传输系统技术演进过程

任务 5-1　OTN 技术话题

任务目标

- 了解 DWDM 技术
- 熟悉 DWDM 系统各组成部分关键
- 了解 OTN 关键技术

任务描述

本任务通过理论知识的学习，完成对 OTN 技术的学习。

本任务旨在让学习者了解波分复用技术和 OTN 技术发展过程，为后续的实践操作进行知识储备。

知识链接

1. 波分复用技术

学习OTN技术之前，需要先了解波分复用技术。早期的光传输系统，比如SDH系统只有一路光载波信号，即在单根光纤中只能传送一路信号，这使得单纤传输容量的进一步发展只能依靠单路信号的提升。单路信号提升到一定程度就会遇到相应的技术瓶颈，可是业务带宽需求还在不断增长。有没有什么技术可以进一步提升光纤传输的总容量呢？答案就是波分复用技术(WDM)。要了解波分复用技术，我们先看一个实验，如图5-2所示。当一束阳光经过三棱镜时，被分成了7种不同颜色的光。反之，7种不同颜色的光经过三棱镜时，会被合成一束混合光。

图5-2　三棱镜分光实验

笔记

其实，只要了解这个实验，你就能很好地理解波分复用技术。波分复用技术就是采用不同频率的光作为载波携带不同的客户信号，各载波信道通过频率复用在光纤内同时传输，实现一根光纤中复用传输多路光信号。

使用了波分复用技术后，光纤传输总容量可以用以下公式表示：

光纤传输容量＝通道数量×单波容量

其中通道数量(也称为波道数量)由光谱谱宽与通道间隔两个因素决定。目前的波分复用系统一般采用C波段(191.3～196.05 THz)，频谱宽度约4.8 THz。相同的谱宽下，通道间隔小，则通道数量多。如图5-3所示，在C波段范围里，通道间隔为100 GHz，通道数量为48。当通道间隔为50 GHz时，通道数量可以达到96。

通道间隔为50 GHz和100 GHz的波分系统都可以称为密集波分复用系统(DWDM)，是目前主流的波分系统。

2. 波分复用系统组成部分

如图5-4所示，一个波分复用系统通常由以下几个模块组成。

光转发单元(OTU)：将来自客户侧光信号进行处理后，转换为1路符合DWDM标准波长光信号输出。

光合波单元(OMU)：将不同频率的光信号合成1路混合光信号。

光分波单元(ODU)：将1路混合光信号解复用成不同频率的光信号。

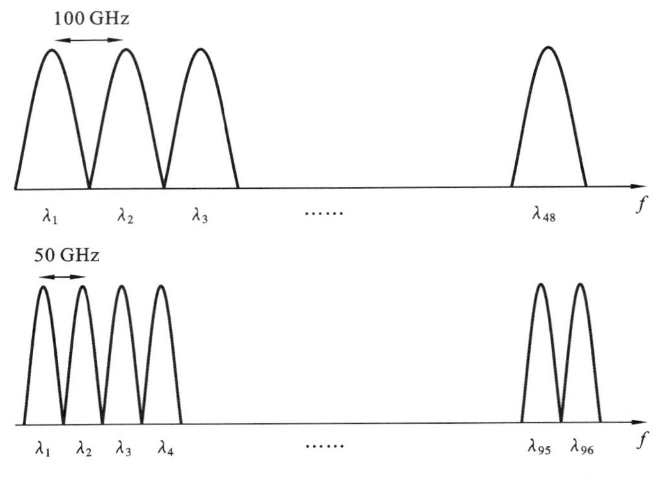

图 5-3　通道间隔与通道数量

图 5-4　DWDM **系统组成部分**

笔记

光放大单元(OA):将光信号进行放大,使信号可以进行长距离传输。

光监控单元(OSC):将设备管理信息使用 1510 nm 波长光进行传递。

光纤:光信号的传输介质。

3. OTN 技术

DWDM 系统很好地解决了大容量、长距离传输的问题。但也有不足的地方,比如:

① 无法像 SDH 系统一样灵活的调度业务。

② 无法提供灵活的业务带宽。

③ 没有丰富的开销,运行、维护、管理受限。

所以早期大多数 DWDM 系统主要用在点对点的长途传输上,联网调度依然在 SDH 电层上完成。但随着 SDH 设备逐渐退出历史舞台,需要新的技术解决以上问题。光传送网(OTN)技术应运而生。OTN 技术既可以像 WDM 网络那样提供超大容量的带宽,也可以像 SDH 网络那样灵活调度业务,方便运营管理。如图 5-5 所示,OTN 系统分为光层和电层,OTN 光层与 DWDM 技术相同,OTN 电层与 SDH 系统相似,包含支路单元、交叉单元和线路单元,利用这些单元可以灵活调度不同业务颗粒,让网络满足更多的业务场景需求,从而实现网络的平滑演进。

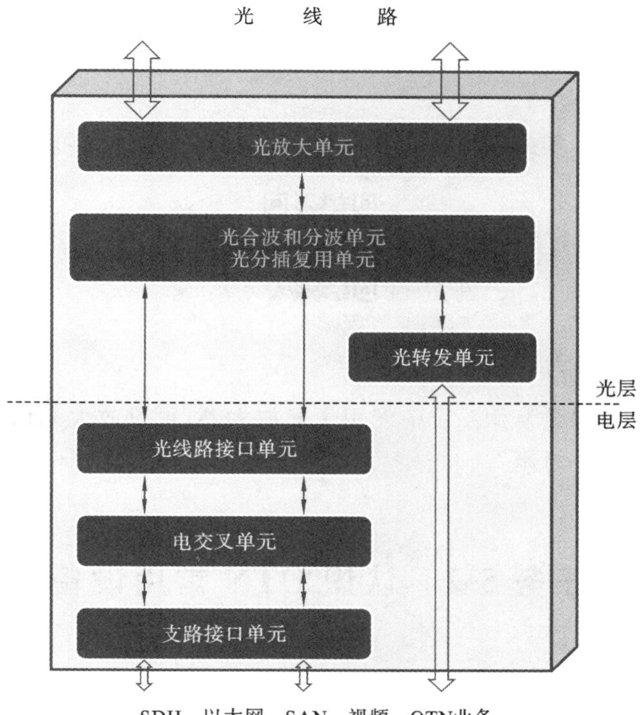

图5-5 OTN系统结构

笔记

由于篇幅有限，本教材后续内容将围绕OTN光层技术进行讲解。

任务实施

步骤一 请结合前面的任务学习，思考为什么DWDM系统使用C波段。

步骤二 学习知识链接中的内容，了解DWDM与OTN技术。

任务检查与评价

任务完成情况的测评细则参见表5-1。

表5-1 项目5任务1测评细则

一级指标	比例	二级指标	比例	得分
了解波分复用技术	30%	1. 能说明光传输系统演进过程	5%	
		2. 能描述波分复用技术的特点及优势	20%	
		3. 能说明密集波分复用系统的特点	5%	
熟悉波分系统的组成部分	40%	1. 能描述波分系统各组成部分及其功能	20%	
		2. 能绘制波分系统图	20%	
了解OTN技术	30%	1. 能描述波分复用系统的缺陷	15%	
		2. 能描述OTN系统的结构	15%	

巩固与拓展

1. 巩固自测

通过本任务实施过程中的学习内容，完成题库中的练习。

题库 5-1

2. 任务拓展

请思考在波分复用系统中使用了光放大器，可以放大光信号，但为什么传输距离依然有限？

任务 5-2　认识 OTN 常用设备

笔记

任务目标

- 了解 OTN 设备组成
- 熟悉常用的 OTN 设备单盘
- 熟悉 OTN 设备单盘各接口功能

任务描述

本任务通过知识链接的学习，完成对 OTN 设备的初步了解，在此基础上通过 OTN 设备介绍系列微课，更进一步了解设备各组成部分及功能。

本任务旨在让学习者了解 OTN 设备组成部分及其功能，熟悉各种常用的单盘功能，牢记各个接口的作用。只有庖丁解牛般地认识设备，才能在实际应用中更好地操作和维护设备。

知识链接

1. OTN 设备组成部分

不同设备厂家 OTN 产品虽然不同，但主要组成部分大同小异。本教材以烽火通信 FONST 系列 OTN 产品为例介绍 OTN 设备各组成部分及功能。FONST 系列 OTN 设备一般都包含设备机柜、设备子框、设备单盘、设备相关附件这几个组成部分。图 5-6 所示的为一端 OTN 设备。

在后续的任务实施中我们将进一步学习各组成部分的详细知识。

2. OTN 设备单盘分类

在 OTN 设备的这几个组成部分中，最重要的部分是设备单盘。OTN 设备单盘型号很多，但按照功能可以进行如下分类，如表 5-2 所示。

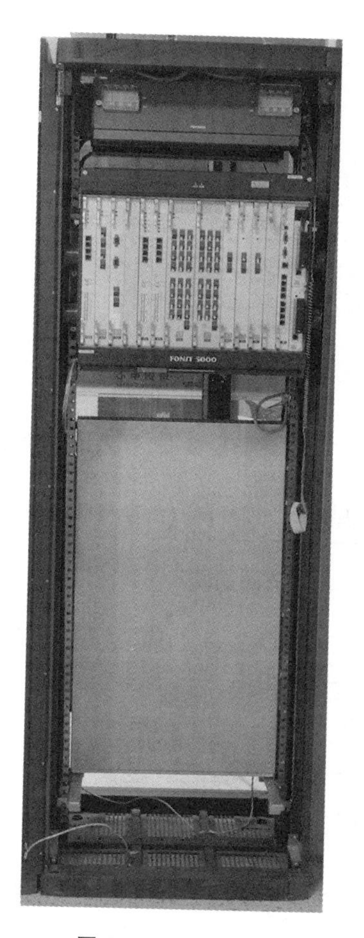

图 5-6　OTN 设备

笔记

表 5-2　OTN 设备单盘分类

类别			对应机盘
光层	光合波/分波单元	OMU 系列	OMU48_O、OMU48_E、OMU40_O、OMU40_E
		VMU 系列	VMU48_O、VMU48_E、VMU40_O、VMU40_E
		ODU 系列	ODU48_O、ODU48_E、ODU40_O、ODU40_E
		其他	ITL50、OSCAD
	光放大单元		OA、PA
	光保护单元		OCP、OMSP、OLP
	光谱分析单元		OPM4、OPM8
	光监控单元		OSC、EOSC

常用机盘在 OTN 系统中的定位如图 5-7 所示。

我们将在后续的任务实施中学习 OTN 设备各单盘功能及接口详细介绍。

3. OTN 设备单盘注意事项

OTN 部分单盘需要插放在子框固定槽位上，具体如表 5-3 所示。

客户信号
光转发单元
光合波分波单元、光分插复用单元
光放大单元
OSC
OSCAD
光线路

图 5-7　常用机盘在 OTN 系统中的定位

表 5-3　OTN 部分单盘槽位分布表

单盘名称	槽位
EMU/EFCU	x0(主用),x1(备用)
OSC/EOSC	x2
AIF	xE
PWR	xF

笔记

任务实施

步骤一　学习 OTN 设备机柜介绍指导视频微课,熟悉 OTN 设备机柜的结构功能。

任务指导 5-1　OTN 设备机柜介绍

步骤二　学习 OTN 设备子框介绍指导视频微课,熟悉 OTN 设备子框的结构功能。

任务指导 5-2　OTN 设备子框介绍

步骤三　学习 OTN 设备单盘介绍指导视频微课,熟悉 OTN 设备常用单盘的功能,了解单盘面板上重要的接口。

任务指导 5-3　OTN 设备单盘介绍

任务检查与评价

任务完成情况的测评细则参见表5-4。

表5-4　项目5任务2测评细则

一级指标	比例	二级指标	比例	得分
了解OTN设备机柜	15%	1. 了解不同机柜尺寸	5%	
		2. 能描述机柜功能	5%	
		3. 能说明整机布置时注意事项	5%	
熟悉OTN设备子框	15%	1. 能描述光层子框各部分	5%	
		2. 熟悉部分OTN单盘固定槽位对应关系	10%	
熟悉OTN设备单盘	70%	1. 能描述OTN单盘分类	10%	
		2. 熟悉OTN单盘功能	30%	
		3. 熟悉OTN单盘接口	30%	

巩固与拓展

笔记

1. 巩固自测

通过本任务实施过程中的学习内容，完成题库中的练习。

题库5-2

2. 任务拓展

对照实验室OTN实物设备，识别设备各组成部分，认识各种单盘及单盘接口。

任务5-3　对话OTN设备

任务目标

- 了解OTN设备调测流程
- 熟悉OTN设备内部连纤关系
- 熟练进行OTN硬件环境准备的相关操作
- 熟悉OTN网管系统
- 能用OTN网管系统创建OTN网络拓扑

任务描述

本任务在了解 OTN 设备的基础上通过知识链接的学习，熟悉 OTN 设备调测流程，掌握 OTN 网管系统基础知识，并在相关微课指导下，完成 OTN 设备调测任务。

本任务旨在让学习者熟悉 OTN 设备调测流程，能规范进行 OTN 设备调测操作，熟悉 OTN 网管系统基本操作界面，能用网管系统根据实验室实际情况创建 OTN 网络拓扑。

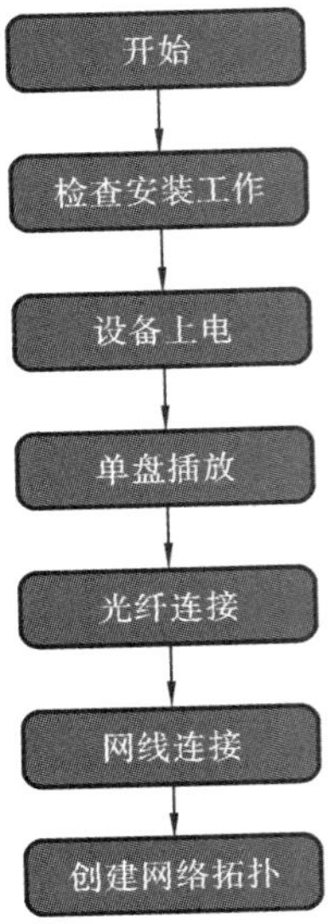

开始
检查安装工作
设备上电
单盘插放
光纤连接
网线连接
创建网络拓扑

图 5-8 OTN 设备调测基本流程

笔记

知识链接

1. OTN 设备调测流程

OTN 设备在加载业务、入网运行之前，必须进行规范的调测。图 5-8 所示的为 OTN 设备调测基本流程。

2. OTN 设备内部连纤关系

在 OTN 设备调测过程中，需要进行内部连纤操作。操作前需要弄清楚 OTN 设备内部连纤关系，图 5-9 为最常见的 OTN 设备内部连纤图。操作过程中，可以根据实际情况略作调整。

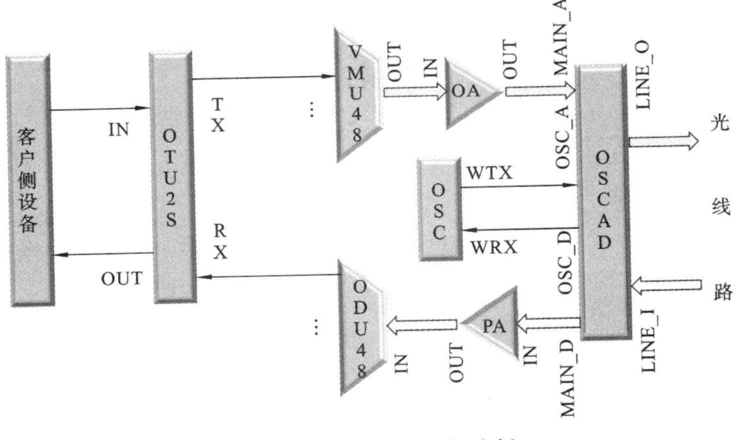

图 5-9 OTN 设备内部连纤

3. OTN 设备管理单元通信线缆连接关系

OTN 设备运行过程中，需要对其进行监控管理，那么服务器与网元管理单元，网元管理单元与各扩展子框管理单元都需要进行相互通信，它们之间则需要网线进行连接。图 5-10 为 OTN 设备管理单元通信线缆连接图。

4. OTN 网管系统介绍

OTN 网络管理系统对于设备的运行维护非常重要，对于运维管理人员，网管系统就仿佛是他们的“眼睛”，帮助运维管理人员了解网络中设备的状态，从而排除网络隐患，解决故障。网络管理系统也是 OTN 设备调测

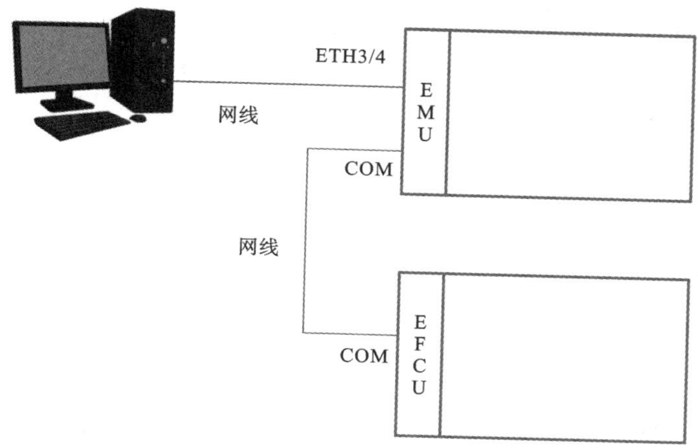

图 5-10 OTN设备管理单元通信线缆连接

过程中重要的工具,这里我们以烽火通信开发和研制的OTNM2000网管系统为例,进行网管系统的基础介绍。

(1) OTNM2000网管系统组网方式

OTNM2000网管系统支持多种灵活的组网方式,可适应网络多样化的需求。一般常见工程项目中可以采用客户端—服务器端组网方式,这种方式可以适用于用户与网管服务器、设备处于异地或多个用户需访问网管服务器这样的场景。其中OTNM2000网管服务器端会安装数据库软件和OTNM2000软件(服务器模式),而OTNM2000网管客户端只安装OTNM2000软件(客户端模式),客户端必须通过访问服务器来行使OTNM2000的各种功能。客户端-服务器端组网方式如图5-11所示。

笔记

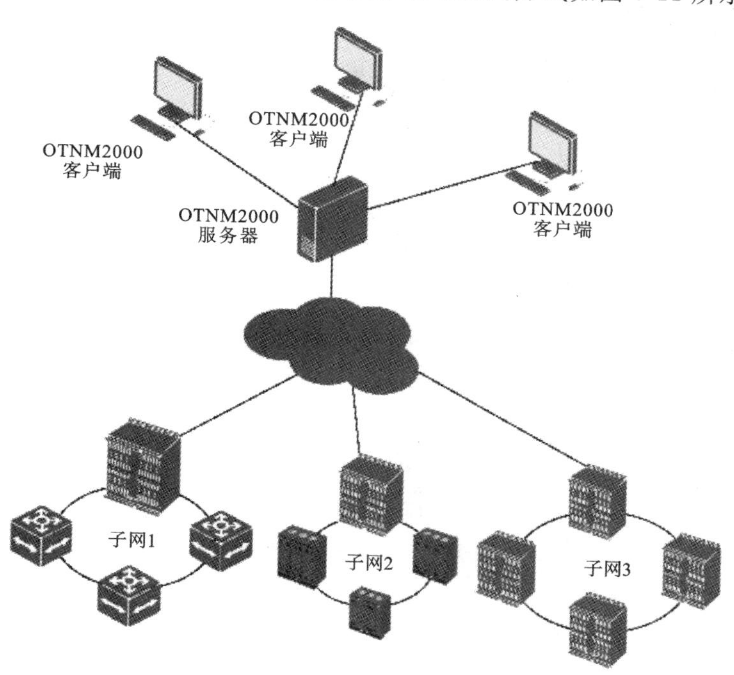

图 5-11 客户端—服务器端组网示意图

一般 OTNM2000 服务器有两个网卡，一个网卡称为数据库网卡，用于软件内部模块通信，另一个网卡称为设备网卡，用于和 OTN 设备通信。一般 OTNM2000 服务器的数据库网卡 IP 地址与 OTNM2000 客户端 IP 地址设置为同网段，而 OTNM2000 服务器的设备网卡 IP 地址与相连的 OTN 设备 IP 地址设置为同网段。

(2) OTNM2000 网管系统界面

OTNM2000 网管系统的主界面由主菜单、工具栏、状态栏等组成，如图 5-12 所示。

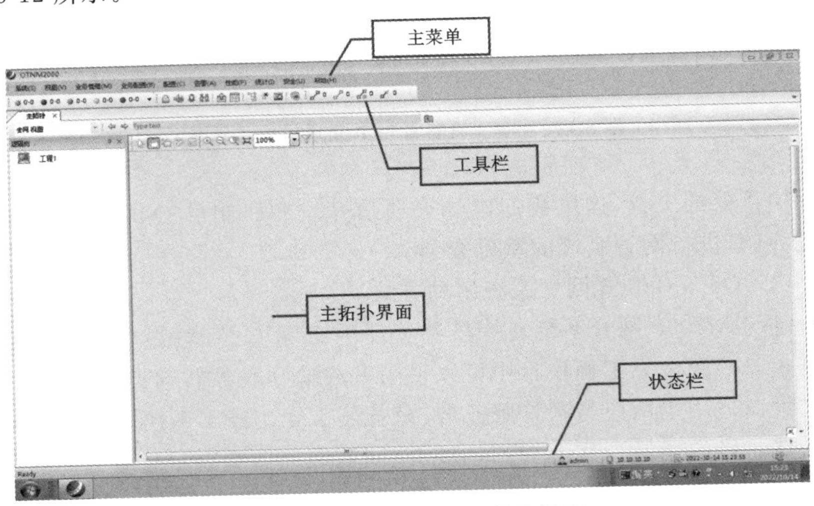

图 5-12　OTNM2000 网管主界面

笔记

任务实施

步骤一　学习 OTN 设备硬件环境准备指导视频微课，按照操作步骤进行 OTN 设备调测过程中的硬件环境准备。

任务指导 5-4　OTN 设备硬件环境准备

步骤二　学习 OTN 网络拓扑创建指导视频微课，按照操作步骤创建实验室 OTN 网络拓扑。

任务指导 5-5　OTN 网络拓扑创建

任务检查与评价

任务完成情况的测评细则参见表 5-5。

表 5-5 项目 5 任务 3 测评细则

一级指标	比例	二级指标	比例	得分
完成 OTN 设备硬件环境准备	40%	1. 熟悉设备内部光纤连接关系及通信线缆关系	20%	
		2. 能规范插、拔设备单盘	15%	
		3. 熟悉设备上电流程及注意事项	5%	
完成 OTN 网络拓扑创建	50%	1. 熟悉网管系统基本操作界面	10%	
		2. 熟悉使用网管创建网络拓扑的流程	10%	
		3. 使用网管创建实验室 OTN 网络拓扑	30%	
职业素养与职业规范	10%	1. 熟悉操作流程	3%	
		2. 设备操作规范	3%	
		3. 现场安全、整洁情况	2%	
		4. 团队分工协作情况	2%	

巩固与拓展

笔记

1. 巩固自测

通过本任务实施过程中的学习内容，完成题库中的练习。

题库 5-3

2. 任务拓展

检查设备是否上管，如果已经上管(设备能被网管系统监控)，选取某站点，读取该站点 OA 单盘输出光功率性能。如果设备无法上管，请在实验室老师指导下查明原因。

任务 5-4 让 OTN 业务听你指挥

任务目标

- 了解常见 10G 速率业务类型及应用场景
- 熟悉 OTN 业务创建流程
- 熟悉 OTN 网管系统业务配置界面
- 能用 OTN 网管系统创建业务

任务描述

本任务通过知识链接的学习，了解 OTN 设备支持的不同业务类型及它们应用的场景，初步了解 OTN 设备的应用，在 OTN 业务创建微课指导下，根据实验室 OTN 业务规划完成 OTN 业务创建任务。

本任务旨在让学习者了解 OTN 支持的不同业务类型，进一步熟悉 OTN 网管系统操作界面，能用网管系统根据实验室业务规划完成相应业务创建。

知识链接

OTN 设备可以支持 SDH、SONET、以太网等多种类型不同速率业务，下面我们以 10G 速率 SDH 及以太网业务为例，介绍不同的业务场景及配置操作步骤。

1. 10G 速率 SDH 业务

10G 速率 SDH 业务，也称为 STM-64 业务，其标准速率为 9.953 Gb/s。当使用 OTN 设备传输该业务时，需要使用 OTU2 这种信号承载该业务。10G 速率 SDH 业务应用场景如图 5-13 所示。

笔记

A市
B市
OTN网络
STM-64
STM-64
SDH
OTN
OTN
SDH

图 5-13　10G 速率 SDH 业务应用场景

A、B 两地市距离相隔较远，同时有 SDH 设备互联的需求。如果两地 SDH 设备通过光缆直接连接，收光功率、误码率等性能无法达到系统要求。此时 SDH 设备可以借助 OTN 网络进行跨地市的长距离传输。

2. 10G 速率以太网业务

10G 速率以太网业务，常见的为 10GE-LAN 业务，其标准速率为 10.3 Gb/s。当使用 OTN 设备传输该业务时，需要使用 OTU2e 这种信号承载该业务。10G 速率以太网业务应用场景如图 5-14 所示。

图 5-14　10G 速率以太网业务应用场景

A、B两地的公司有10G速率以太网专线业务需求，由于距离跨度大，直接使用光纤传输无法满足系统性能需求，此时，高可靠、低时延、大容量、长距离传输的OTN网络可以为用户提供更好的解决方案。

任务实施

步骤一 学习知识链接中的内容，根据实验室实际规划，确定业务场景。

步骤二 学习OTN业务创建指导视频微课，按照操作步骤进行OTN业务创建。

任务指导5-6 OTN业务创建

任务检查与评价

任务完成情况的测评细则参见表5-6。

笔记

表5-6 项目5任务4测评细则

一级指标	比例	二级指标	比例	得分
熟悉OTN不同业务场景	30%	1. 了解不同业务的不同点	5%	
		2. 理解不同业务应用场景	10%	
		3. 能够分析实验室的业务场景	15%	
完成OTN业务创建	60%	1. 熟悉网管系统业务操作界面	20%	
		2. 根据实验室规划创建相应OTN业务	30%	
		3. 查询已经创建完成的业务	10%	
职业素养与职业规范	10%	1. 熟悉操作流程	3%	
		2. 网管操作规范	3%	
		3. 业务名称命名规范，易于查找	4%	

巩固与拓展

1. 巩固自测

通过本任务实施过程中的学习内容，完成题库中的练习。

题库5-4

2. 任务拓展

业务创建完成后，下载业务。确保光功率正常情况下[①]，请利用实验室相关设备或者仪表验证业务是否正常。例如，实验室中有：计算机、万兆二层交换机、网线，则可以按图 5-15 所示的搭建环境，通过 ping 命令测试 10GE-LAN 业务。

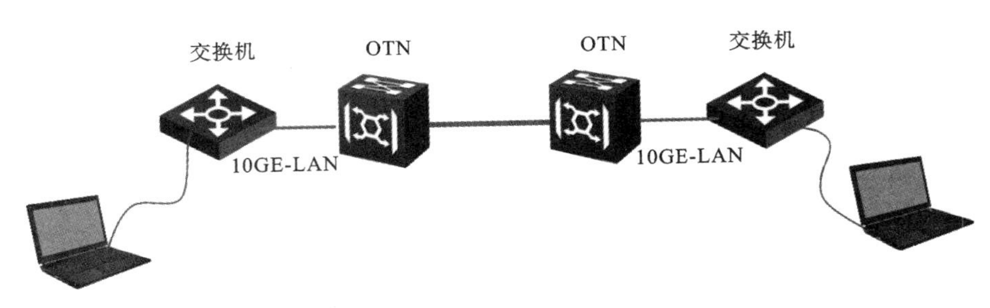

图 5-15 10GE-LAN **业务测试**

笔记

任务 5-5 OTN 实际工程应用举例

任务目标

- 了解 OTN 网络层次定位
- 熟悉 OTN 网络组网方式
- 熟悉 OTN 实际工程中常用工程文档
- 能根据实验室模拟环境完善工程文档

任务描述

本任务通过知识链接的学习，了解 OTN 网络在整个传输网络中的定位。认识 OTN 网络节点类型和不同的组网方式。利用实际工程案例，让学习者对 OTN 工程项目交付和日常维护中常用的工程文档有所了解，并利用所学知识完善实验室模拟系统的工程文档。

本任务旨在让学习者能了解 OTN 网络的实际工程应用。利用实验室环境模拟工程实践。

① OA 单盘输出需满足 $P=3+10\log N$(dBm)，N 为经过该单盘的波道数量。OTU 单盘波分侧接口输入光功率需满足(灵敏度+3 dBm)～(过载点−5 dBm)的范围内，例如：某光模块过载点为 0 dBm，接收灵敏度为−18 dBm，则将该光口的输入光功率调节到−15～−5 dBm。

知识链接

1. OTN 设备定位

通信网络分类方式很多，如果按照功能机构分类，一般划分为接入网、传输网、核心网等。传输网是用作传送通道的网络，它仿佛是个“搬运工”，将客户信号从一处搬运到另外一处。OTN设备就归属于传输网络设备。由于OTN设备具有大容量、长距离传输的特点，所以OTN网络一般用于传输网络的骨干层（比如国家的一级干线网络和省内的二级干线网络），或者应用在城域范围内市区与县乡之间长距离传输的场景。

2. OTN 网络节点类型

如图5-16所示，OTN网络节点有以下几种类型。

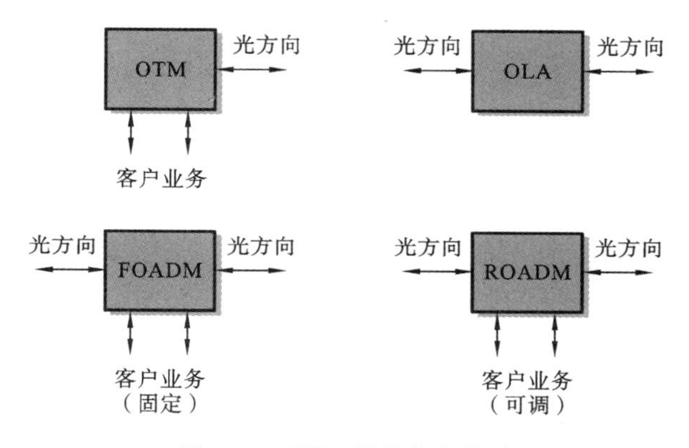

图5-16　OTN网络节点类型

笔记

（1）OTM：终端复用站点，该节点可以进行业务上下话，只有一个光方向。

（2）OLA：光线路放大站点，该节点无需上下话业务，分别对两个方向上传输的光信号进行放大。

（3）FOADM：固定分插复用节点，该节点可以进行业务上下话，有两个或两个以上的光方向。需注意这种节点上下话的波长是固定的。实际工程应用中，有时会用两个“背靠背”的OTM节点组成一个FOADM节点。

（4）ROADM：可重构分插复用节点，该节点可以进行业务上下话，有两个或两个以上的光方向。这种节点通过WSS技术，可支持上下波长的改变和不同光方向之间波长的交叉调度。

3. OTN 组网方式

OTN网络支持链形、环形和网状等组网方式。

（1）链形组网：如图5-17所示，链形组网是一种简单的组网方式，主要应用于中间节点的部分波长需要在本地上、下，而其他波长继续传输的情况。链形组网方式，往往由于上游链路或者节点出现故障导致下游节点出现脱管、业务中断等网络故障,所以网络可靠性不高。

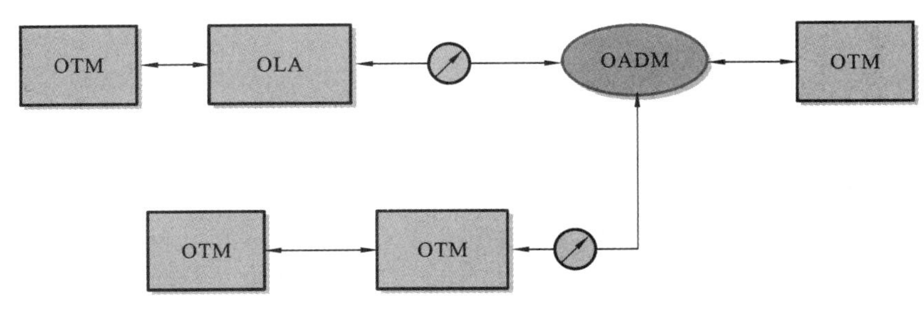

图 5-17 链形组网示意图

(2) 环形组网:如图 5-18 所示,在 OTN 网络的规划中,采用最多的是环形组网。由于一个节点存在两个方向,该方式可以提供灵活的业务保护。

笔记

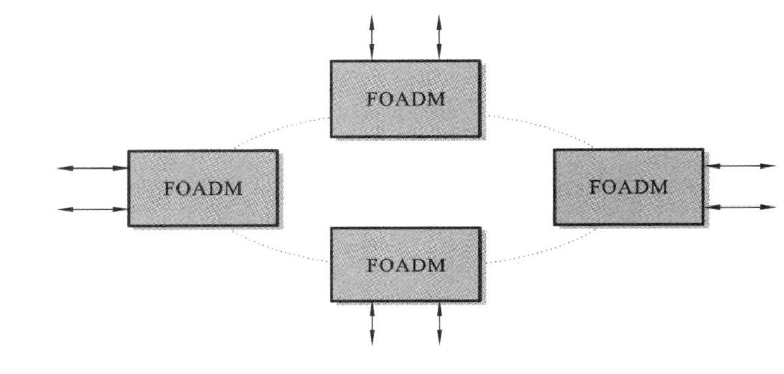

图 5-18 环形组网示意图

(3) 网状组网:如图 5-19 所示,网络中多数节点之间均有直达路由,避免了单个节点的瓶颈问题;而且两个节点之间有多种路由可选,当某节点失效时,可通过重路由功能恢复业务,使业务的传输可靠性更高。

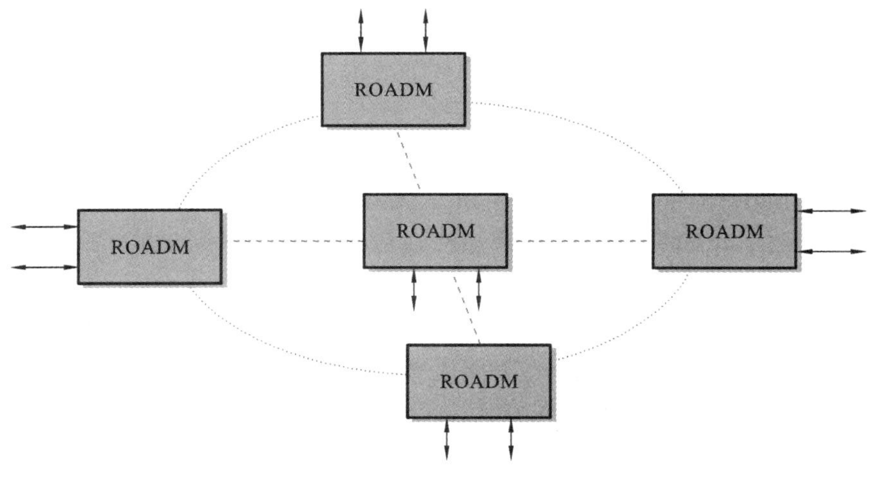

图 5-19 网状组网示意图

4. OTN工程应用举例

下面通过对国内某地市OTN市到县环网工程介绍，学习OTN工程项目交付和日常维护中常用的工程文档。一般常用的工程文档包含工程拓扑图、工程系统图、节点设备面板图、波道图。

(1) 工程拓扑图

图5-20为该工程拓扑图。从图中可以很明显的看出，该网络组网方式为环形组网。从工程拓扑图中可以很容易地获得工程的组网方式和各节点连接关系的信息。

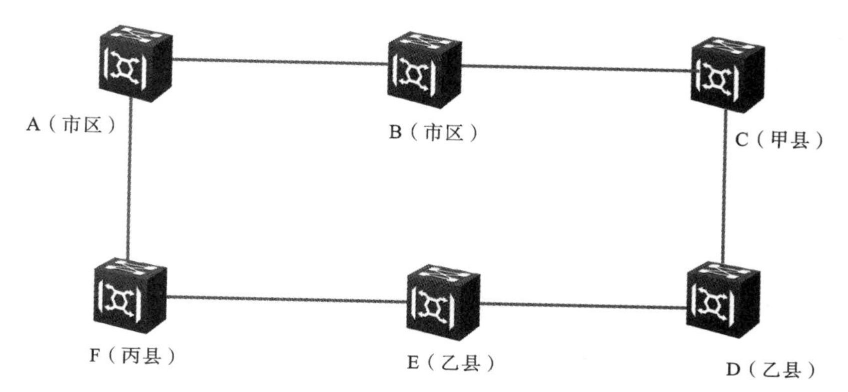

图5-20 市到县环网工程拓扑图

笔记

(2) 系统图

图5-21为该工程系统图。工程系统图上一般会标明节点类型、节点之间光缆型号、长度、衰耗，收和发方向放大器型号、DCM型号。从图中我们不难发现中心城区节点与县节点相距60～80 km，相对较远，所以客户业务信号的传递需要使用OTN网络。

(3) 波道图

图5-22为该工程波道图。波道图可以反映OTN网络业务波道规划，能清楚地了解业务路径。如果网络中相应波道配置了保护，也可以很直观地从波道图中知道业务的工作路径和保护路径。波道图在日常维护和故障处理中有重要的作用，比如网络中出现多个业务通道故障时，往往可以通过波道图发现它们经过的同一节点，从而快速定位故障。

(4) 节点设备面板图

图5-23为节点设备面板图。从设备面板图可以了解该节点单盘布置情况。

除了以上这些文档外，有时工程中还会准备设备连纤图、业务端口表等工程文档。

5. 某OTN干线工程

图5-24和图5-25为某OTN干线工程拓扑图和系统图，学习者可以根据文档分析描述该工程情况。

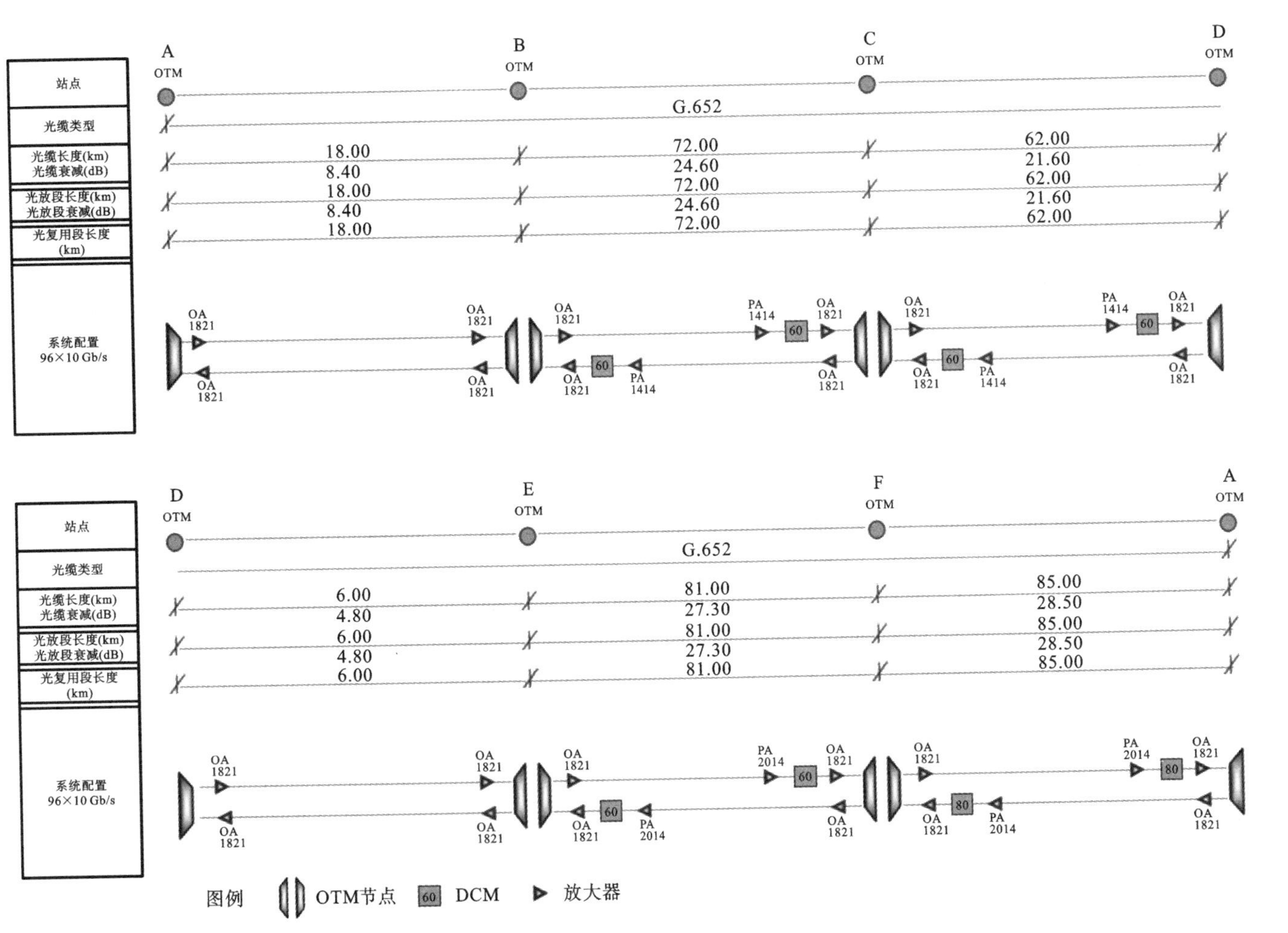

图5-21 市到县环网工程系统图

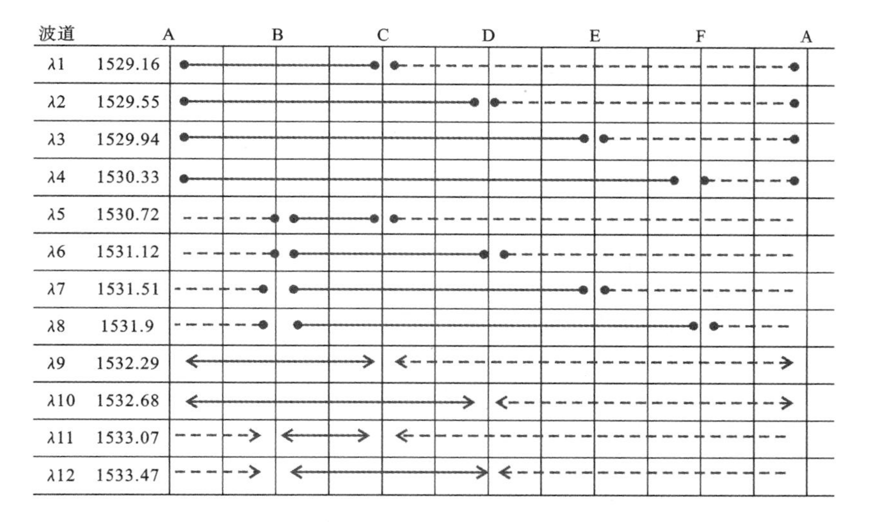

图 5-22　市到县环网工程波道图

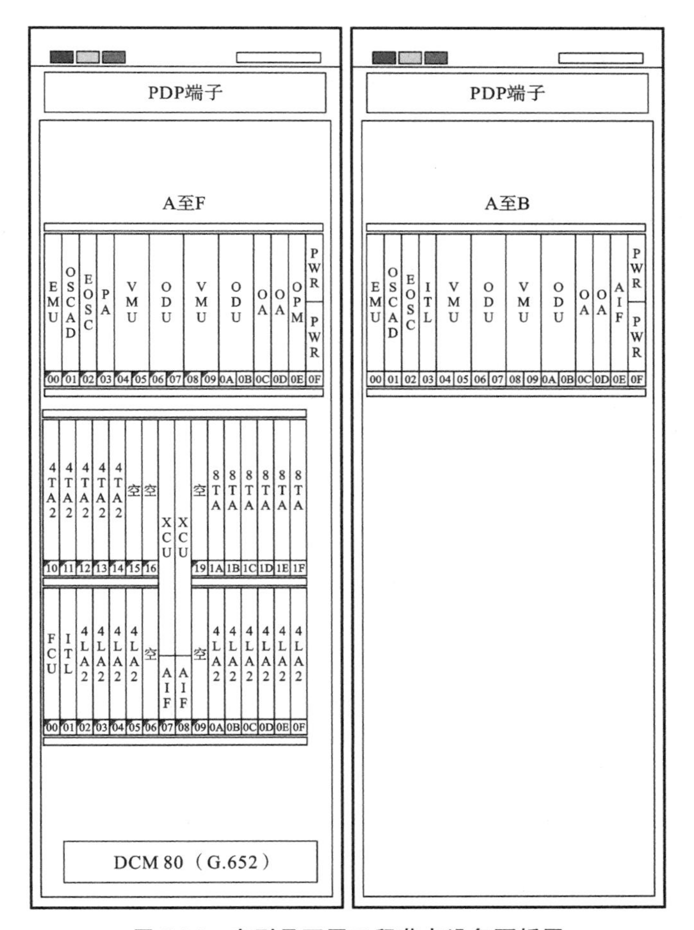

图 5-23　市到县环网工程节点设备面板图

笔记

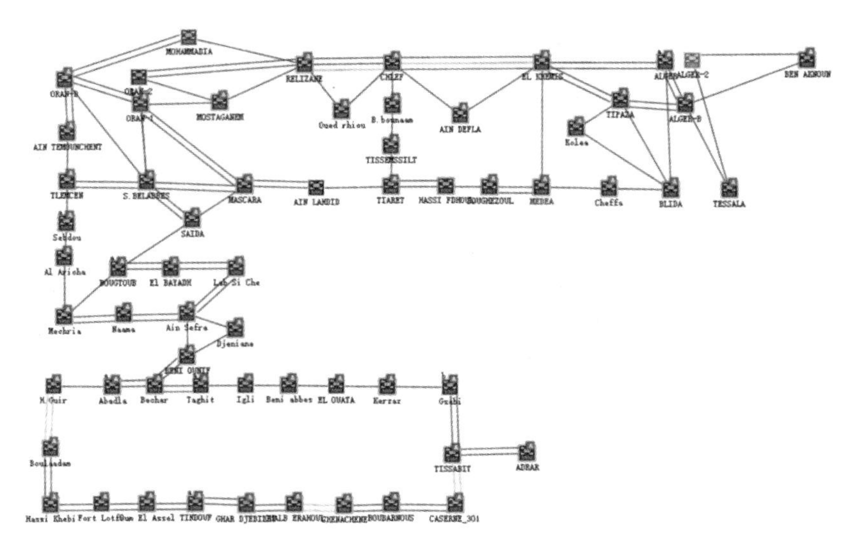

图 5-24　OTN 干线网络拓扑图

任务实施

笔记

步骤一　学习知识链接中的内容，能读懂相关工程文档。

步骤二　结合实验室 OTN 网络，绘制拓扑图、系统图、波道图等工程文档。

任务检查与评价

任务完成情况的测评细则参见表 5-7。

表 5-7　项目 5 任务 5 测评细则

一级指标	比例	二级指标	比例	得分
熟悉 OTN 组网	30%	1. 了解 OTN 网络的应用层次	5%	
		2. 理解 OTN 网络节点类型	10%	
		3. 能够分析 OTN 网络的组网方式及优缺点	15%	
完成 OTN 工程文档	60%	1. 熟悉实验室 OTN 网络环境	10%	
		2. 完成实验室 OTN 网络工程文档	40%	
		3. 能向他人描述实验室 OTN 网络组网情况	10%	
职业素养与职业规范	10%	1. 熟悉操作流程	3%	
		2. 工程文档详细规范	5%	

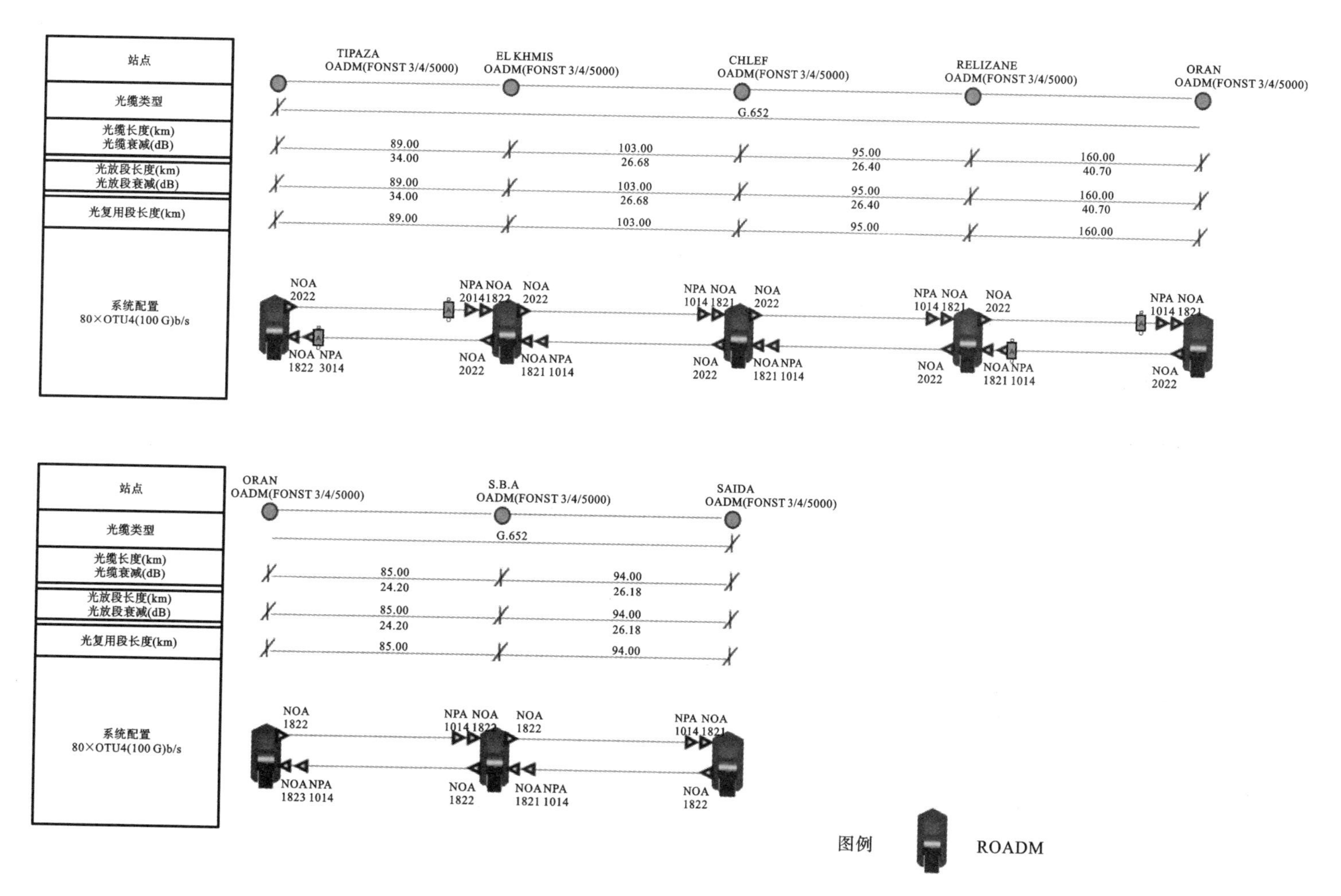

图5-25 OTN干线网络系统图（部分）

巩固与拓展

1. 巩固自测

通过本任务实施过程中的学习内容,完成题库中的练习。

题库 5-5

2. 任务拓展

请根据所学知识,模拟完成整个 OTN 工程项目交付任务。

笔记